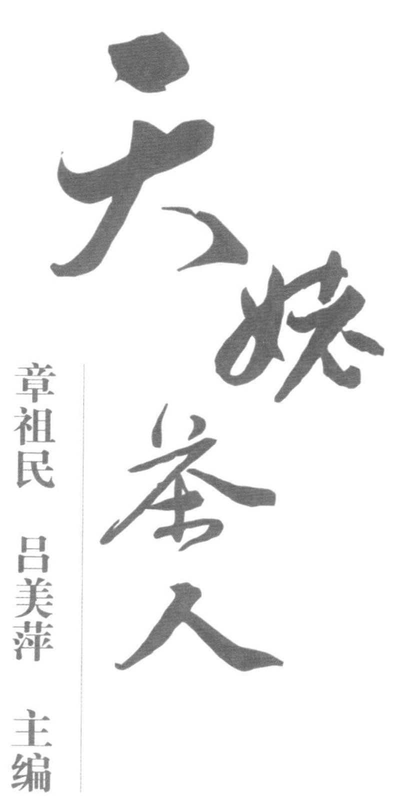

章祖民　吕美萍　主编

乡村振兴之乡村人才培育教材

中国农业科学技术出版社

图书在版编目（CIP）数据

天姥茶人 / 章祖民，吕美萍主编 . -- 北京：中国农业科学技术出版社，2023.4

ISBN 978-7-5116-6104-3

Ⅰ . ①天…　Ⅱ . ①章… ②吕…　Ⅲ . ①茶业 − 产业发展 − 研究 − 新昌县　Ⅳ . ①F326.12

中国版本图书馆 CIP 数据核字（2022）第 241536 号

责任编辑　马维玲
责任校对　马广洋
责任印制　姜义伟　王思文

出 版 者　中国农业科学技术出版社
　　　　　北京市中关村南大街 12 号　　邮编：100081
电　　话　（010）82109194（编辑室）（010）82109702（发行部）
　　　　　（010）82109702（读者服务部）
网　　址　https：//castp.caas.cn
经 销 者　各地新华书店
印 刷 者　北京尚唐印刷包装有限公司
开　　本　170 mm × 240 mm　1/16
印　　张　11.25
字　　数　162 千字
版　　次　2023 年 4 月第 1 版　2023 年 4 月第 1 次印刷
定　　价　98.00 元

主　　编：章祖民　吕美萍

副 主 编：袁海艳　梁锦芳　杨海英　章凯雯　潘一峰　王伟娜　白家赫　吕晓晓　张伟富　王志宇　石益挺　吴玉梅　盛文斌

编　　者：章祖民　吕美萍　陈　霞　袁海艳　梁锦芳　杨海英　章凯雯　潘一峰　王伟娜　白家赫　吕晓晓　张伟富　王志宇　石益挺　吴玉梅　盛文斌　吕伯元

编写顾问：陈　霞　袁振华　胡旭东　王校常　卢　路　潘红林　章　俊　丁柏元

主编简介

章祖民，1968年4月出生，中共党员，现任浙江省新昌县农业农村信息化中心主任（浙江省农广校新昌分校校长），农业技术推广研究员、高级经济师、会计师。第一批省级乡村振兴实践指导师、浙江省科技厅专家库专家、绍兴市科技局专家库专家、浙江省农业商贸职业学院特聘授课专家等。长期扎根基层从事乡村人才培育工作，主持编写乡村人才培训教材《天姥乡味》（主编）、《农家乐经营与管理》（副主编），同时参与编写《农村信息员》《互联网 + 农业》《农业培训实务指导》等教材，在全国性报纸杂志发表专业论文十余篇。年组织开展高素质农民、农村实用人才、乡村人才、职业技能、农民中职等教育培训超过10 000人次，全面提升了农民的学历水平和素质技能。带头主讲农村常用法律法规、民法典、农产品市场营销、乡村振兴等课程。农民教育培训工作处于浙江省乃至全国的前列，高素质农民培育、农民中职教育等新昌经验和模式屡次在全省及全国进行典型交流、推介，省内外近40多个县（市、区）慕名前来学习和交流。新昌县因此连续被列为全国新型职业农民培育试点县和示范县，全国农技体系改革与建设试点县和示范县，“精准招生，破解农民中职教育招生难题”被列为全国农民教育典型案例，“乡村振兴背景下，农民中职教育办学价值及教学管理方法研究”入选全国农业教育培训和农业农村人才培养研究智库课题。

多年的教育培训和指导服务，赢得了学员的喜爱、上级的认可和社会的赞誉，先后获得全国最美农广人先进人物、中华农业科教基金会神内基金农技推广奖、全国优秀基层农广校校长、全国农广系统信息宣传先进个人、浙江省农技推广贡献奖、浙江省农技推广先进工作者、浙江省农广系统先进工作者、新昌县乡村振兴优秀工作者等诸多荣誉，所在单位也因此获得绍兴市共产党员先锋岗、绍兴市劳动模范集体、新昌县经济社会发展标兵等殊荣。培养了一支“有文化、懂技术、善经营、会管理”的优秀高素质农民队伍，成功开启“金绿领”乡村人才培育新篇章，为现代农业的高质量发展增添了强大后劲，助推了乡村振兴的全面实施，加快了共同富裕步伐。

主编简介

吕美萍，1976年8月出生，中共党员，现任新昌县教师进修学校校长、党支部委员会书记，浙江开放大学新昌学院院长，新昌县第十一届政协委员，高级教师、副研究员，国家一级茶艺师高级技师、国家一级评茶员高级技师、国家二级心理咨询师、二级救护培训师。成立"吕美萍茶文化传承名师工作室""吕美萍茶艺师技能大师工作室"。

长期从事终身教育工作。多篇论文在省级及以上刊物发表，主编《新昌小吃》《天姥乡味》，参编《少儿茶艺考级教材》《农家乐经营与管理》《农业培训实务指导》。组织开展家政服务、茶艺、电商、新昌小吃等技能培训，主讲茶艺基础知识、茶的冲泡技艺等课程。策划、组织、协办省、市、县级茶艺师职业技能竞赛。

所辅导学员吴玉梅获第三届全国茶艺职业技能竞赛全国银奖，吴莲莲获第四届全国茶艺职业技能竞赛全国个人赛银奖，盛文斌获第七届中国国际"互联网+"大学生创新创业大赛金奖，俞丽珠获第八届浙江省国际"互联网+"大学生创新创业大赛金奖。

多年的培训指导服务，赢得了学员的喜爱、上级的认可和社会的赞誉，先后获得国家开放大学师德先进个人、中国中青年社区教育教学新秀、中华茶文化传播优秀工作者、浙江省先进教育工作者、浙江省百姓学习之星、绍兴市志愿服务先进个人、绍兴市成人教育先进个人、绍兴市服务群众标兵等多项荣誉称号。

序

浙江省新昌县地处四明、天台、会稽三山交会之处，山高雾浓，气候温和，雨量充沛，土地肥沃，丘陵山区多玄武岩台地及略带酸性的红黄土壤，适宜种茶，自古即为产茶名区。1994年，依托县内远近闻名的大佛寺，“大佛龙井”品牌应运而生。

“大佛龙井”虽然只有不到三十年的发展历史，但是在国家及地方各级政府的高度重视关怀下，在广大茶叶企业、茶农、茶行业组织的不懈努力下，坚持走“政府为主导、市场为龙头、品牌为主线”的发展道路，持续将茶产业打造成为本地的富民支柱产业，被业内称为“新昌模式”。近十年来，在“大佛龙井”茶产业平稳向上发展的同时，新昌县相继推出“天姥红茶”“天姥云雾”两大公用品牌，形成“一体两翼”的飞鸟型品牌发展新格局，为县域多茶类发展提供了“新昌智慧”。至2021年年末，新昌县已建成茶园15.3万亩，茶叶总产值13.36亿元，全产业链产值超92亿元；“大佛龙井”跻身中国茶叶区域公用品牌价值评估前十。2009—2022年，“大佛龙井”的品牌价值从2009年的17.34亿元上升到了2022年的50.04亿元，增加了32.7亿元，整体涨幅高达188.58%。近年来，新昌县先后荣获“中国茶业十大转型升级示范县”“茶业品牌建设十强县”“‘三茶统筹’先行县域”等众多国家级荣誉称号。

优异的自然环境、悠久的种茶历史，造就了新昌茶叶的优良品质；

丘陵地带多样化的气候与地貌，又使得新昌县各产地茶叶各具风味、风格独特。同样，新昌茶产业的发展过程中也造就了一批“传承茶文化、推动茶科技、促进茶产业”的茶人。

本书是记录新昌茶人茶事的专辑，囿于篇幅，仅能从十八万新昌茶产业从业者中精选部分对茶产业发展做出重要贡献的茶人。他们或是锲而不舍、求实创新的科技工作者，或是活跃在茶叶生产一线的匠心制茶者，或是奔走于产区与销区之间的产业推动者，或是将传统与创新相融合的行业开拓者，或是弘扬茶文化传授业技的茶道传播者。尽管他们的年龄不同、阅历不同、职业不同、成就不同，但是他们不忘初心、矢志产业、默默耕耘、无私奉献的茶人精神与人格魅力却同样感动并带动着周边的人。阅读这本书，我们看到的不只是一些人、一些事，更看到了一个伟大的时代和一段奋进的历史，感受到了催人奋进、不渝初心的茶人精神。

产业的创新发展以人为本，文化的传承赓续以人为本。随着中国经济的持续增长、综合国力的不断增强、人民生活水平的日益提升，中国茶产业、茶文化已经进入全新的高质量发展时代。面对新时期、新阶段、新使命、新征程，衷心希望在新昌茶产业发展的历史篇章里能够涌现出越来越多优秀的茶人故事，也希望越来越多的茶人能为家乡茶产业的发展贡献自己的一份力量，共同谱写新昌茶产业新的篇章，共同创造新昌茶产业新的辉煌！

是为序。

陈　霞

2023 年春

目录

第一章　科技篇

第二章　加工篇

第三章　营销篇

科技篇

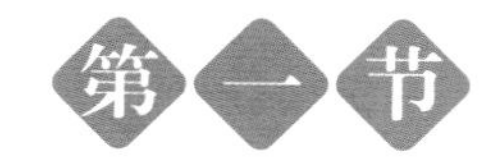

孙利育——一片叶子的修行

一叶一菩提，一叶一生情。

因为一片叶子，她留在了异乡；因为一片叶子，她成就了一番事业；因为一片叶子，她以拳拳匠心守护了漫长的一生。

说起新昌茶叶，业内人士马上会想到的，一定是茶叶专家孙利育。今天我们要说的、要写的就是这位新昌茶人——孙利育。

独守茶乡做“匠人”

孙利育是浙江慈溪人。1982年，孙利育从浙江农业大学茶学系毕业，来到新昌县工作。1982年，恰逢新昌县第一只名优茶“望海云雾”问世不久，“大佛龙井”研发的前夕。孙利育在大学里学到的知识正好全部可以用上，如鱼得水。经过两年的下基层、跑茶山、到茶场钻研技术，孙利育喜欢上了这一片叶子的科研事业。

孙利育的父母将她培养到大学本科毕业不容易，都希望她能回家乡工作，并帮她联系落实了慈溪的工作单位。但当她拿到慈溪人事部门寄过来的商调函时，心情非常复杂，回家乡工作是孙利育的心愿，但新昌县的茶产业与她学到的课本知识是那么贴切融合，对一片叶子的科研追求更是她的心愿。经过深思熟虑，她放弃回慈溪的机会，选择了留在茶乡新昌县工作。从此，孙利育与新昌县的茶产业发展紧紧地绑在了一起，也因此，小小的茶叶，倾注了她一生的心血。

一片“匠心”结硕果

1985 年，新昌县的茶叶开始了“圆改扁”的产业转型，孙利育和茶叶站的科技人员一起，担起了试制开发“大佛龙井”的重担，在县茶叶良种场开始试制开发“大佛龙井”。对从未生产过名优茶的良种场来说，“大佛龙井”的研制开发，绝对是一场硬仗。整个春天，孙利育天天蹲在茶场。从茶树品种的选种、茶园培育、病虫害防治到名优茶炒制机具的引进和名茶炒制技师的聘请，她尽心尽力、悉心传教、全程帮助。当第一批“大佛龙井”试制成功，他们请来了浙江省农业厅的茶叶专家进行品鉴，结论是：外形、色泽、口感、回甘都可与“西湖龙井”媲美。孙利育和她的同事们都露出了欣慰的笑容！

随着名优茶开发的深入，孙利育又帮助农民解决了销路问题，并为他们出谋划策，从早、优、高名茶技术的推广和品种的改良到销售

网络的建设，她都精心帮助、耐心指导。

1998 年，浙江省第一个龙井茶地方标准《大佛龙井茶》在新昌县诞生。标准贯穿茶园管理、茶树品种、鲜叶采摘、炒制技术、产品样本等各个环节。为了起草和落实这一标准，孙利育几乎放弃了所有休息日，到茶农的田间地头进行调研和技术指导。茶叶标准化的实施，提高了龙井茶生产的科技含量和经济效益。新昌县凭借在茶叶生产标准化方面的成功实践，被农业部列为全国首批农产品标准示范区之一，也成为全国第一个茶叶标准化示范县。

后来，孙利育又主持开展了名优红茶“天姥红”加工技艺的攻关研究，制定了“天姥红茶”的技术规程，推动名优红茶的发展，使“天姥红茶”成为新昌县茶产业新的经济增长点。

新昌县茶产业发展过程中，一项项的重大科技突破和推广中，都有着孙利育倾注的心血；一块块金牌的奖项获得中，都有着孙利育忙碌的身影。

多年来，孙利育主持或主要参与完成了“名优茶开发与产业化技术体系研究”等多项茶叶重大科技项目的实施，多项科技成果居全省乃至全国领先水平。孙利育主持的科技项目中，有 16 项获得了省部级以上科技成果奖励，其中全国农牧渔业丰收奖1项、中国农业科学院科技成果奖一等奖1项、浙江省科技进步奖二等奖2项。在省级以上刊物发表论文30多篇，主编专著1部，参加5本专著和1本专刊的编写工作，为省内外茶叶生产提供了新的思路和经验。孙利育在荣获多项科技成果之后，更是笔耕不辍，负责编写了《新昌县志》《新昌茶经·茶之制》《新昌茶经·茶之业》。

担当作为筑“匠魂”

孙利育曾担任新昌县经济特产站站长、新昌县茶叶总站站长等职务。在这些岗位上，她宏观思考新昌县茶产业的发展，为县委县政府科学决策尽心尽力做好参谋工作，在茶业强县的道路上积极贡献自己的力量。

2000年以来，孙利育参与了新昌县九轮茶产业政策和四轮茶产业发展规划的制定。她作为一线工作者，主持拟定政策框架基础和实施细则。在县政府审定完善发布后，她又贯彻执行政策，把政策落到实处。政策导向引领产业方向，连续的扶持政策，有力推动了新昌县茶产业的持续健康发展。

正因为新昌县茶产业在不同发展阶段都能及时提出新的发展思路，新昌县茶产业发展才能时时领先一步，抢占先机，茶叶经济连续多年大幅增长，并先后获得了“中国名茶之乡”“全国茶叶科技创新示范县”“全国十大重点产茶县”“中华茶文化之乡”等荣誉称号，发展名茶的成功经验被全国茶叶界、新闻界誉为“新昌模式”，被各地借鉴并推广，新昌县更成为全国茶叶经济最发达和最受茶人瞩目的地区之一。

孙利育还十分注重重大农业项目的申报实施工作，积极争取到农业农村部“浙江省茶树良种示范场建设”“中央茶产业提升”、浙江省农业农村厅“优质高效‘大佛龙井’茶生产基地”等项目落户新昌县，项目单位的生产能力和经济实力得到进一步增强，科技水平进一步提高，发挥了很好的示范辐射作用，促进了新昌县茶产业发展和茶叶新技术的应用与普及。

一片茶叶寄深情，科技兴茶结硕果。孙利育率领的科技团队以“积极探索，科技兴茶”为宗旨，在推动新昌县茶产业发展的进程中，努力奉献，辛勤付出。新昌县已经连续多年获评“全国重点产茶县”，进入中国茶业百强县行列，并居中国茶业品牌影响力全国十强之首。“大佛龙井”连续 14 年跻身中国茶叶区域公用品牌价值十强，2022 年更以 50.04 亿元的品牌价值位列第七。

永葆初心践“匠行”

孙利育是中国茶叶学会第八届、第九届、第十届理事，中国茶叶流通协会专家委员会委员，浙江省第十一届、第十二届人大代表。她不断在各地为新昌茶产业发声，宣传推广新昌茶文化，有效增加了新昌茶叶的知名度和美誉度。

北京老舍茶馆是国内茶馆界的翘楚，与新昌县有着良好的合作关系。2018 年 12 月 11 日，孙利育应邀到北京老舍茶馆为百余名北京市民普及龙井茶品鉴知识，讲授健康茶饮方法，受到了茶馆及市民的欢迎。

2017 年 4 月 8 日，新昌县大佛寺景区内，首届国韵天姥·缘启茶会（以下简称“缘启茶会”）在白云湖畔邂逅春光，也邂逅来自世界各地的茶爱好者。“缘启茶会”是新昌借鉴“无我茶会”而特创的茶会，讲究一个“缘”字，人与人、人与茶的相遇皆是缘分，与新昌的“禅茶一味”一脉相承。无论是作为组织者，还是参与者，每一次“缘启茶会”都少不了孙利育的身影。

孙利育作为国家一级评茶师，近年来，一直注重新昌茶文化的研究和推广工作。目前，孙利育还担任新昌县茶文化研究会秘书长，积极推动茶文化进机关、进学校、进企业、进社区、进农村等活动。她说：“从事茶业工作，是一种缘分。与茶打交道的过程能够得到内心的宁静和逸趣。推动茶产业发展既是一种奉献，也是一种享受。”

因为成绩卓著，孙利育先后获得绍兴市高级专家、浙江省农业科技先进工作者、浙江省茶树良种化先进工作者、全国农村优秀人才、全国农业先进工作者等荣誉称号和奖励。2020 年，在中华茶人联谊会成立 30 周年之际，中华茶人联谊会联合中国国际茶文化研究会、海峡两岸茶业交流协会共同主办“杰出中华茶人”推选活动，面向全球推选 100 位在茶业各领域做出突出贡献的“杰出中华茶人”，孙利育名列其中。

一片叶，一生情。41 年来，孙利育对茶叶科技研究和推广的专注，为新昌县茶产业的发展贡献了一份力量，与新昌县众多的茶产业工作者一起，推动着新昌县在“茶业强县”的道路上不断前行。

周玉翔——科技创新书写茶业传奇

周玉翔，1991 年从浙江工学院（1992 年更名为浙江工业大学）腐蚀与防护专业毕业，从事十多年专业工作后，2003 年转行从事农产品保鲜工作。他的这一转身，不但让自己迎来了事业的春天，更让新昌茶叶多了一种保鲜剂，让茶叶的品质更加持久，而且多了一个茶叶的包装品类，打开了高级宾馆的小包装茶叶市场。同时，他还始终坚持科技创新，不断打破茶叶生产常规，书写了新昌茶界的一个又一个传奇。

研发保鲜，让茶叶“青春”常驻

周玉翔在 2003 年成立了群星实业有限公司（以下简称群星实业），开始研发茶叶常温保鲜剂。专业背景和以往的工作经验告诉周玉翔，要想在一个领域做出点成绩，就必须要依靠科技的力量。群星实业成立之初就找到了浙江大学园艺系农产品保鲜专家郭炎平，合作开发茶叶脱氧保鲜剂。有了浙江大学教授的技术支撑，再加上周玉翔在以往工作中积累的金属防护技术和经验，群星实业很快研发出茶叶常温脱氧保鲜剂，并于 2004 年 4 月正式投产。

（图为厂房及脱氧保鲜产品）

茶叶在常温下三个月就会变质、颜色变暗、香味消失。用了茶叶脱氧保鲜剂后明显延长了保质期，有一家茶叶经销店将做试验的其中一包茶叶遗忘在角落里，到第二年春茶上市的时候才发现，打开一看，与新茶无异。群星保鲜剂从此声名鹊起，茶叶企业纷纷应用。现已在新昌县全面推广，对保障“大佛龙井”贮藏品质、提升“大佛龙井”品牌影响力，起到了重要的作用。因此，由群星实业承担的县重要科技项目“茶叶常温保鲜技术研究”被评为 2006 年新昌县十大农业科技成果推广项目。2010 年 7 月，群星实业项目“茶叶贮藏保鲜及包装技术集成示范与推广”被列入国家级星火计划项目。

群星实业还在 2005 年承担了国家星火计划项目“茶叶、花生、核桃等农副产品脱氧保鲜剂的开发应用”，在 2007 年承担了国家星火计划项目“果蔬常温纳米保鲜技术的开发应用”，开发出一系列干果保鲜剂、鲜花保鲜剂和果蔬保鲜剂，为众多农产品的生产加工企业提供保鲜服务。群星实业在 2008 年参与起草制定了我国脱氧剂行业的第一部行业标准——《食品用脱氧剂》（SB/T 10514—2008）。

涉足茶业，打开宾馆小包装茶叶市场

出差住在星级宾馆或高档酒店，面对富丽堂皇的房间和丰盛的酒宴，却只能喝着廉价的袋泡茶、低档的散装茶或者变味儿的高档茶，相信很多人会兴味索然，周玉翔也常有这样的感觉。不过，有一天，他却欣喜若狂。

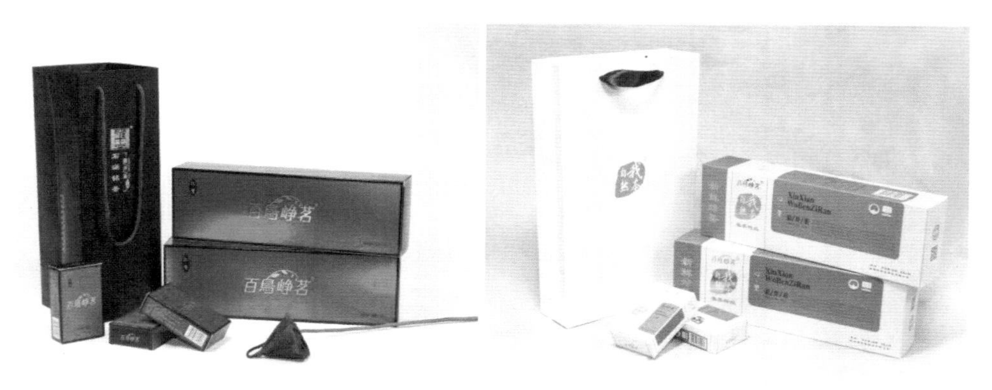

（图为专利茶叶外包装）

由于销售茶叶专用保鲜剂的缘故，周玉翔对茶业的动态比较关注。看着“大佛龙井”的声誉蒸蒸日上，一些茶叶企业生意兴隆，他也跃跃欲试，却一直找不到突破口。“做得好的都是多年打拼出来的，我一个外行人挤进去，凭什么和他们争市场？”正当纠结时，喝到的一杯变味儿高档茶，给了他一丝灵光：“我何不另辟蹊径，专攻小包装‘大佛

龙井’茶呢?”

于是，周玉翔设立了种植基地，建立了标准化加工厂，还专门成立了群星茶业有限公司（以下简称群星茶业），开始研发专供星级宾馆的小包装“大佛龙井”。由于有茶叶保鲜技术方面的优势，产品很快开发成功。群星茶业的研发团队将 2.5 克“大佛龙井”包成 1 个小袋，再把 2 个小袋和 1 袋茶叶常温保鲜剂进行密封包装，还为这种技术申请了实用新型专利，名为“一种隔离式脱氧保鲜包装”。群星茶业还开发出每包 8 个小袋的家居用茶（专供超市）。

这种全新的茶叶小包装加茶叶常温脱氧保鲜剂的包装方式，为顾客提供了安全、卫生的产品，还有效地解决了名茶保鲜保质难题，保质期长达 18 个月。小包装的“大佛龙井”一经面市就受到了星级宾馆和超市的青睐，第一年就销售 20 万包，销售额达 50 万元。目前，新昌县三星级以上的宾馆、酒店基本上都有群星茶业的小包装茶叶。

专注科技，不断打破茶叶生产常规

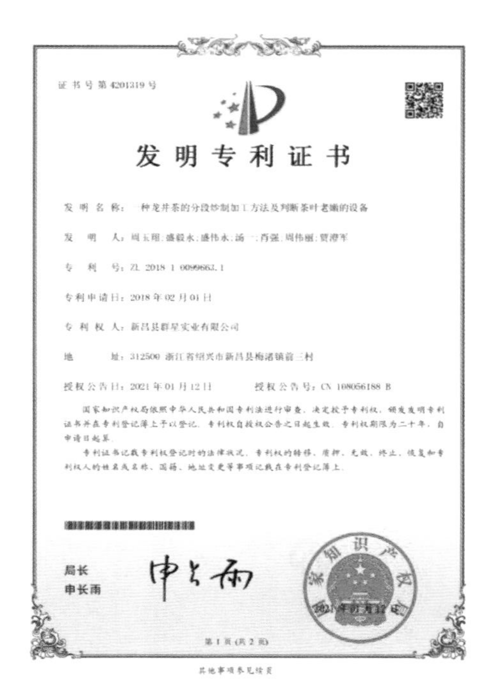
证书号第4201319号

发明专利证书

发 明 名 称：一种龙井茶的分段炒制加工方法及判断茶叶老嫩的设备

发 明 人：周玉翔;盛毅水;盛伟永;汤一;肖强;周伟丽;贾澄军

专 利 号：ZL 2018 1 0099663.1

专利申请日：2018 年 02 月 01 日

专 利 权 人：新昌县群星实业有限公司

地 址：312500 浙江省绍兴市新昌县梅渚镇前三村

授权公告日：2021 年 01 月 12 日　　授权公告号：CN 108056188 B

国家知识产权局依照中华人民共和国专利法进行审查，决定授予专利权，颁发发明专利证书并在专利登记簿上予以登记。专利权自授权公告之日起生效。专利权期限为二十年，自申请日起算。

专利证书记载专利权登记时的法律状况。专利权的转移、质押、无效、终止、恢复和专利权人的姓名或名称、国籍、地址变更等事项记载在专利登记簿上。

局长
申长雨

第 1 页（共 2 页）

其他事项参见续页

过去的茶叶生产，从摊青到辉锅都是一口气完成，这种方式被广泛采用，但实际上存在着明显的弊端。茶叶从制作到包装，加上运输，往往需要 15 天左右。在这段时间里，茶叶氧化后会影响口感。另外，考虑到销量等问题，一般茶叶公司会把运来的茶叶先放入 5℃左右的恒温库保存，等到有订单时再取出包装。如果是在 6 月、7 月包装，从恒温库中出来的茶叶遇热吸水，对品质影响更大。

2013 年下半年，群星茶业与中国农业科学院茶叶研究所、浙江大学合作，研制出茶叶分段加工工艺。与过去不同，在完成摊青后，炒茶人将青叶杀青到一定含水量后封存，等到有订单时再将这些干茶开封炒制，然后直接打包出售。工人们在包装时全部采用小包装，同时加入脱氧保鲜剂，以保证每次开封时，茶叶都是新鲜的。

群星茶业拥有自己的有机茶园、农民合作社和炒茶工厂，得益于这些“内部构成”，再加上成熟的炒制工艺，在分段加工模式下，从干茶到制成包装好的茶叶，只用3天。如果夏天有订单需要炒制，工人们从恒温库取出杀青后的半制茶进行加工，这样制成的茶叶品质自然优于从前。

采用分段加工后，对工人技艺和产量提升的好处也是显而易见的。周玉翔说：“过去，从茶叶采摘到加工再到包装，都需要工人们分工完成，而现在，由于一个时间段内只需要集中完成一部分工作，同样的工人数量，可以有更多的精力用在同一个环节中，产量得到了提升不

说，工人们处理青叶的能力也得到了加强，炒茶技术自然大幅度提升。”

关注源头，带领茶农共同致富

随着茶叶产品越来越受到消费者的欢迎，自己承包种植的茶园已经远远满足不了生产的需求。周玉翔开始关注外收茶青源头的质量，与多地茶农、茶叶专业合作社形成了生产联盟，按照统一的标准进行种植管理，确保茶叶源头的质量安全，同时提高茶园亩产效益，带领茶农共同致富。

新昌县城南乡韩妃村得益于韩妃江的小气候环境，茶叶开采时间比较早，周边生态环境也比较好。周玉翔从2016年开始就看中了这里的茶园，与该村的茶农达成了购销意向协议，要求茶园不使用化学肥料和化学农药。多年来，一直使用菜饼等有机肥料，让茶叶有了一种贴近自然的清香。

与茶农合作的模式，一方面确保了产品的安全和质量，同时也增加了农民的收入。只要按照群星茶业规定标准生产的茶叶青叶，收购价都比普通种植的茶叶价格高20%左右，茶农增收效果显著。

在科技引领下，周玉翔的群星茶业快速崛起，从一开始的茶界黑马成长为新昌县茶业的龙头企业。该企业的包装获得了“新田园”杯首届中国农产品包装设计大赛二等奖；该企业的产品相继获得了首届中国创意林业产品大赛金奖、2016年第二十三届上海国际茶文化旅游节“中国名茶”金奖、2017年浙江省优秀旅游商品称号、2017年中国特色旅游商品大赛铜奖、2019年中国特色旅游商品大赛金奖、2020年第十届“中绿杯”全国名优绿茶产品质量推选活动特金奖、2021年“两展一节”茶叶产品推选活动特别金奖、第十一届“中绿杯”名优绿茶产品质量推选活动金奖等荣誉。百鸟峥茗“天姥红”工夫红茶获得“中茶杯”第十一届国际鼎承茶王赛红茶组金奖。周玉翔个人也陆续获得新昌县十佳科技创新优秀人才、改革开放创新发展突出贡献奖、新昌县最美茶匠、绍兴市首批乡村振兴“领雁计划”人才等荣誉。

2020年，群星茶业率先参加县级全产业链数字化建设，实现了生态低碳茶园数字化、绿色创新加工生产线数字化、产品溯源数字化，是新昌县茶行业第一家实现全产业链数字化的企业。

十年来，群星实业（茶业）承担了6项国家星火计划项目，参与制定了1项国家行业标准，申报了6项发明专利，服务绿茶企业2 000多家，保鲜农产品2 000万千克，小包装茶叶引领绿茶发展新潮流。研发的“大佛龙井”分段炒制工艺技术，颠覆了绿茶行业的传统思维模式，真正做到了一年四季可以喝到新鲜的春茶，大大提升了新昌“大佛龙井”在绿茶领域的知名度。

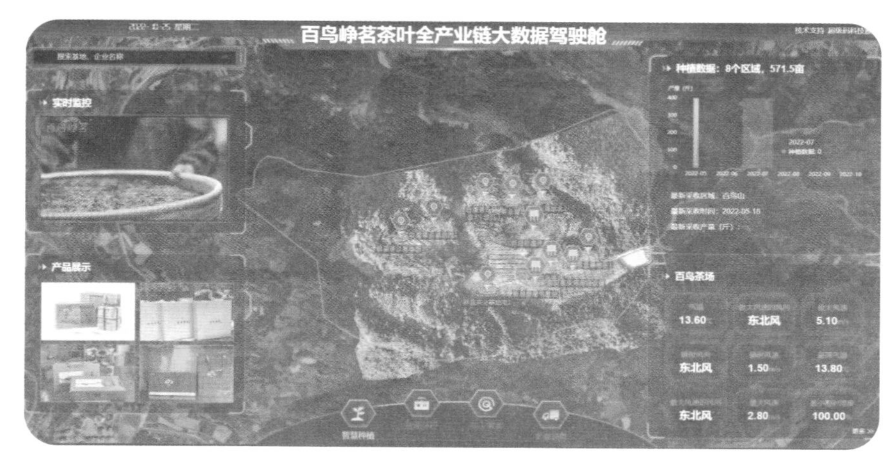

（图为数字茶园实景图）

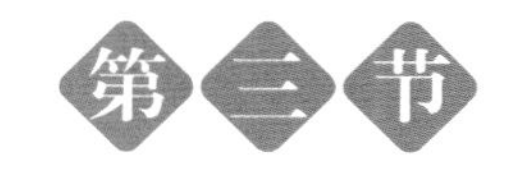

盛文斌——退役不褪色，茶园立新功

盛文斌，新昌县科农茶树专业合作社理事长，新昌县第十一届政协委员、新昌县青联副主席、绍兴市农村青年创业联合会副会长、浙江省退役军人就业创业导师、浙江省青联委员、中国农村青年致富带头人协会理事、全国“青马工程”农村班学员。

十年能做些什么？海军退役老兵盛文斌的答案是：“把绿叶子变成金叶子。”十年来，他成立合作社，带领乡邻们采用科学方法规模化栽种茶苗，用“一片叶子”带动新昌县6个乡镇3 000多农户增收致富，合作农户收益超2亿元。

盛文斌1987年出生于新昌县回山镇新市场村宅后王自然村，是一位地地道道的“茶二代”，儿时对茶的特殊情结，让盛文斌将目光聚焦茶产业。他笑称自己拥有“茶基因”，个子还没桌子高时就跟随长辈们在茶山行走，读小学六年级时他就学会了手工制茶、卖茶，这也为他后来的事业埋下了伏笔。

退伍返乡，带动乡亲增收致富

2006年，19岁的盛文斌响应国家号召应征入伍。在部队5年，培养了他坚韧不拔、刻苦钻研的可贵品质，他先后获得优秀士兵、2枚个人三等功奖章等多项荣誉，期间成为了一名光荣的共产党员。2011年11月退伍回乡，盛文斌看到做了十多年茶苗生意的父亲茶苗销售品种少、销量小、区域窄、收入少的现状，决定创新销售模式，建立茶苗

网上交易平台。功夫不负有心人，短短5个月，盛文斌赚到了第一桶金，于是他继续在采购平台上架茶苗，向全国发布良种茶苗信息，很快，四川、贵州等地客商纷纷来电咨询、派人实地考察，半年茶苗销售利润超过100万。

盛文斌想着自家的茶苗销路打开了，是否可以带动乡亲一起增收。2012年他成立专业合作社，以高标准、高质量发展为目标，不断引进新品种，统一扦插规格。经过两三年的努力，合作社育苗量从5 000万株增长到1亿株，“长势好、品种好、成活高、成园快”等优点吸引了全国越来越多慕名而来的人，合作社成员也从5户增加到50多户，茶园面积逐步扩大，苗圃管理不断引进现代农业先进技术，他参与改良、研发中茶111等茶苗新品种100多种，茶苗产量及质量紧跟市场需求。

2014年，盛文斌成为中国茶叶学会的会员，与中国农业科学院茶叶研究所签订委托育苗协议书，合作社也成为中国农业科学院茶叶研究所的育苗基地。他带领合作社社员们申报‘天姥金叶1号’‘天姥金叶2号’‘天姥金叶3号’3个新品种，申报“开沟施肥机”等6项发明专利。产品创新、品牌创新、技术创新的成功探索，帮助盛文斌在同行业中取得后来居上的明显优势，在盛文斌的带领下，良种茶苗已成为新昌县茶产业中一项重要的内容。2020年，新昌县科农茶树专业合作社被浙江省农业农村厅评为浙江省示范性农民专业合作社。

精准扶贫，茶苗走向全国

随着合作社的不断壮大，盛文斌将茶农的茶苗发往了全国各地，重点对中西部地区进行产业帮扶。

2016 年，盛文斌无偿提供种植技术、管理方式和茶叶加工制作培训等，帮扶贵州省榕江县乐里镇发展新茶园 5 000 余亩（1 亩 ≈667 平方米，全书同），年产值 1 000 多万元，不仅促进了当地茶农户均增收 1 万元，还带动村里的留守妇女、老人就近就业。2019 年，盛文斌又向该镇捐赠 20 万株黄金芽茶苗和制茶设备，帮助其打造“七十二寨金凤凰”茶叶品牌。

了解到广西壮族自治区百色市田林县高龙乡对发展茶产业很有积极性，盛文斌实地考察一番后，帮他们精选优质茶苗，跟踪帮扶，从 10 亩到 100 亩逐步推开，累计帮助发展茶园种植达 2 000 亩，为当地打造了“高龙龙井”茶叶品牌。茶农们担心茶叶销路，盛文斌就将十几台炒茶机运到当地，建立炒制点，连续 3 年专门收购当地的茶青进行炒制，帮助当地茶农销售茶叶。

2020 年，为助推甘肃省文县碧口镇水篙村发展茶产业，盛文斌捐赠‘龙井 43’茶苗共计 5 万株，茶园面积从原来的 360 亩发展为 2 410 亩。同年，他优选抗逆性较强的品种捐赠四川省小金县，为小金县发展新的农业支柱产业，加快少数民族地区脱贫致富打开了新门路。

（图为茶苗捐赠给小金县）

“十三五”期间，盛文斌积极响应国家号召，拓展精准扶贫，茶苗辐射全国27个省（区、市）352个县，茶苗销量8亿多株，种植面积50万亩，带动省外贫困地区就业人数400多万，为全国20多个省（区、市）免费提供技术培训（种植、管理和制茶）、成本让利、茶苗捐赠等扶持。为全国7个集中连片特困区126个国家级重点贫困县脱贫摘帽奠定了一定的基础，为“南茶北引”工程、东西部扶贫提供了“浙江样本”。

科技助力，插上富民“翅膀”

发展现代茶园离不开科技，刚开始接触良种茶苗繁育的盛文斌完全是个“门外汉”，他既不懂业务也欠缺技术。凭着在部队养成的刻苦钻研精神和坚韧不拔的毅力，盛文斌专门来到中国农业科学院茶叶研究所，一项一项地学习茶艺、评茶等技能。丰富专业知识后，他每天蹲在田间地头，进行育苗实践与试验对比，慢慢积累自身经验。很快，勤奋好学的盛文斌成为既懂理论又有实践经验的繁育良种茶苗行家，只要到苗圃里看一眼，他就能发现问题，辨别良莠。

2021年，盛文斌根据浙江省数字经济“一号工程”要求，结合省级乡村振兴产业发展示范建设要求，创建了“大佛龙井”育苗环节数字化示范项目。按照智慧茶园的标准，在东茗乡金山村建设了“大佛

龙井”数字化育苗基地，形成了包括资源收集保存、繁殖更新、资源鉴定评价与创新利用在内的一套种质资源高效保存利用技术体系，通过数字化管控技术突破茶苗育种期，增加产苗量，提升育苗质量及亩产效益，为新昌县茶产业打造全产业链数字化提供样板，带动当地老百姓在家门口就业。如今，通过应用盛文斌的数字化育苗技术，茶农们基本可以实现线上领养茶苗、实时视频观看茶苗的生长情况，并亲自体验从培育茶苗到茶叶采摘与茶叶炒制的过程。“大佛龙井”数字化育苗基地也先后被评为绍兴市茶苗栽培（天姥金叶）技能培训共富基地、浙江省退役军人就业创业基地、浙江省农艺师学院示范实训基地、浙江省农科青年科技服务基地等。

盛文斌精心钻研、不断创新。2021 年 10 月凭借“向天农业：小茶苗撬动大格局的‘三牛精神’践行者”项目荣获第七届中国国际“互联网 +”大学生创新创业大赛金奖，实现了全新的突破。

不忘初心，践行公益使命

致富不忘感恩，多年来，盛文斌一直走在慈善公益的路上。自 2016 年起，每年向回山镇彩淳中心完小、启康小学等 6 所学校资助奖学金和捐赠物品，连续 6 年慰问武警官兵、抗战老兵、百岁老人。疫情期间多次捐款捐物。为少数民族地区小金县沃日镇小学安装了校园音响广播系统设备。向新昌技师学院累计捐赠 30 余万元，并捐助建立了盛文斌茶叶专业实训基地。2021 年向四川省夹江县 2 位困难户捐赠 3 万株茶苗，援建 10 亩爱心茶园。2022 年 6 月，盛文斌荣获共青团中央颁发的2022年“全国向上向善好青年”称号，受到浙江省人民政府的表彰。

2021年6月，为庆祝中国共产党成立100周年，盛文斌作为全国100名35周岁以下的平凡年轻党员代表之一，接受了CCTV发现之旅频道《青春之我——我是党员》栏目的专访。CCTV-7、央视网、中央新影、人民网、新华网、中国退役军人、解放军报等国家级媒体及地方媒体对他的事迹进行了百余次报道。事迹被列为绍兴市退役军人创业创新“一地一典型”“共富路上党旗红”绍兴市共同富裕典型、“建功新时代”全国退役军人创业创新等典型案例。

因为成绩突出，盛文斌先后获得绍兴市五四青年奖章提名奖、绍兴市级农村科技示范户、绍兴市最美退役军人、绍兴市乡村振兴“领雁计划”人才、浙江省农民教育培训优秀学员、浙江省青年创业奖、浙江省最美退役军人、浙江省农创客助力乡村振兴“金雁奖”、浙江省首届退役军人创业创新大赛一等奖、第七届中国国际“互联网”大学生创业创新大赛金奖、“百县·百茶·百人”茶产业助力脱贫攻坚、新昌县乡村振兴先进个人等荣誉。

盛文斌扎根在茶园苗圃这片广阔的大舞台中，在实实在在为人民服务中收获人生的快乐，用躬身实践诠释了“退伍不褪色，永远跟党走”的人生信条。

第二章

加工篇

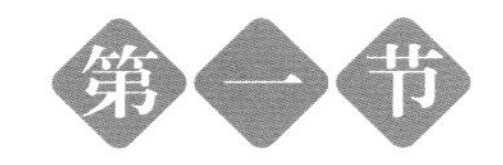

张铮——一个与茶共舞的新昌茶人

都说，爱音乐的人都是浪漫的人，而喜欢吹萨克斯的男人，更是一个有魅力的男人！萨克斯，由于它特殊的音质，善于表达情感，音乐里有悲伤的、欢快的、即兴的，豪迈中又带有几分温柔。所以喜欢萨克斯的人大部分应该是情感丰富、既深沉又激进的吧！今天，我们要讲述的就是一个喜爱音乐、喜欢吹萨克斯的新昌茶人——浙江省新昌县澄潭茶厂创始人张铮，他 41 年的创业经历，也如他喜欢的萨克斯音律，细腻委婉，具有低音的深沉和高音的清澈，充满了欢快和悲伤！

人生起步，与茶结缘

1979 年，张铮高中毕业被分配到新昌县镜岭供销社农产品收购站工作，从此，他与茶结下了缘。工作前三年他一直在与茶农打交道，对茶的生产加工、品质鉴定有了一定的了解。20世纪80年代初期，也许改革开放的春风让他觉得应该出去闯一闯，他辞掉了当时一般人都很羡慕和守护的铁饭碗，下海闯荡。五年时间里，他跑单帮、做兔毛生意、做农产品和生产资料返销，日子过得虽艰苦但他自认为很洒脱。但由于经营不善造成亏损，倾家荡产不说，还欠下了30万元的债。惨重的损失，让他觉得人生的路走到了尽头……那一年他才26岁。在悲伤和绝望中，他觉得，作为一个男人和一位父亲，不能用逃避的方式摆脱困境。思绪万千的他给挚友写了一封信，好友收到信后，给他回了一个加急电报："速归，一切回来商量！"接到电报，让绝望中的张铮深感温暖！

回到新昌，在这位好友的帮助下，张铮到浙江新昌农工商联合总公司工作，又与茶打上了交道，也使他重新找到了事业的起点。也许，他注定与茶有着无法割舍的情缘。

在农工商公司工作的几年，他谙熟茶叶专业知识并吸取下海经商的惨重教训，用心做好每一笔业务，并为公司蹚开了一条出口茶的路子，在他的率领和团队的共同努力下，出口茶业务量连年增长。这几年，在为公司创造利润的同时，也磨炼了他的业务能力，更让他觉得，此生与茶的渊源是理不清、割不断的，只有与茶结缘，人生才充满希望、充满激情！

毅然辞职，创办茶厂

张铮的人生犹如萨克斯的音乐，豪迈欢快，充满挑战。他很感激挚友给他的鼓励和希望，感恩这位兄弟般的朋友给了他一个施展才能的平台，让他积累了丰富扎实的创业经验。1998年，改革开放已走过了十多个年头，张铮经过深思熟虑并得到挚友的认同后，毅然辞掉了总经理的职务，开始创办自己的企业——浙江省新昌县澄潭茶厂。

自己办厂，仅凭能力没有资金，谈何容易啊！张铮从朋友那里借来30万元启动资金，凭借一颗刚正不阿的心、对人谦和的态度和做事守信的作风，开始了自己的创业路。当问起他是如何拿下出口业务的？张铮动情地说："由于资金少，当时只能租用简陋破烂的厂房，起步开始做出口茶业务。"他先对新招的员工每天进行8小时的"练兵"（一块正方形木头、一张玻璃纸、一支毛笔，自己做老师）。他回忆："得知第一位外商要来茶厂考察，想想这破烂的厂房心里很是犯愁！硬件设施的简陋已经是无法改变的事实，唯一可以改变的是环境卫生情况。于是带领员工把厂区里里外外都进行了彻底的大扫除，把能看到的茶叶、原材料、成品都用垫桩板离地离墙10厘米堆放，尤其是出口产品的包装车间和货物仓库，要求现场操作时的员工个人卫生和物品器具的定置摆放。"外商来的时候，他看看厂房的外观没有表态，感觉有些失望！可当他走进仓库和车间，看到安装整齐的设备、摆放整洁的原料，从原料加工、产品包装到成品入库的严谨管理让他惊呆了！坐在小小的会议桌前，这位客户脸上露出了笑容，欣然地说："在如此简陋的厂房里，你能管理得如此的整洁规范，如此严谨的做事风格，我很放心。把订单给你了！"

中外客商在总经理张铮陪同下考察

这第一单出口茶业务让张铮对创业之路充满了希望和力量！也为以后的企业管理道路夯实了基础，并有了更高的要求和台阶。张铮，凭着他追求完美的性格和做事严谨的风格，认认真真做好每一件事，他的创业之路越走越广、越走越宽。

孜孜不倦，与茶共舞

23年的自主创业，23年的开拓创新，23年的孜孜不倦。浙江省新昌县澄潭茶厂始终坚守“追优求质和诚信立业”的宗旨。至今，浙江省新昌县澄潭茶厂不仅是一家单一生产加工出口茶的企业，而且是一家集茶叶生产、加工、科研、销售和贸易出口于一体的多元化、跨地域发展的省级重点农业龙头企业。产品主要有大宗茶（“珠茶”“眉茶”）和名优茶（“大佛龙井”“天姥云雾”“天姥红茶”）。企业销售总值和出口创汇逐年增长，连年被新昌县政府评为纳税大户，先后获得浙江省省级骨干农业龙头企业、浙江省标准化名茶厂、浙江省农业科技型企业、绍兴市专利示范企业、绍兴市重点农业龙头企业、新昌县优秀农业龙头企业、绍兴市十佳农业外拓基地单位、绍兴市十佳外向型农业单位等荣誉。

出口绿茶远销美洲、欧洲、非洲等20多个国家和地区，2017年4月，摩洛哥考察团赶赴浙江省新昌县澄潭茶厂考察，对茶厂的清洁卫生、产品质量等方面给予高度肯定和一致好评。由此，也更进一步夯实浙江省新昌县澄潭茶厂出口茶的业务基础。目前，浙江省新昌县澄潭茶厂年出口茶叶数量1万吨以上，年销售额达1.5亿元，年出口创汇上千万美金。

（图为外商考察茶叶基地）

2016 年，在新昌县人民政府和东茗乡人民政府的大力支持下，浙江省新昌县澄潭茶厂在风景秀丽的 AAAA 国家级旅游风景名胜区穿岩十九峰背面——东茗乡下岩贝村，创建了 500 亩茶园中心基地，辐射周边茶叶基地 3 000 余亩，配套建设 3 000 平方米的茶叶生产厂房，引进全自动茶叶生产设备，实现规模化、清洁化、智能化茶叶加工。不但加工生产“大佛龙井”，也开始拓展“天姥云雾”和“天姥红茶”的生产加工，年产量 9 万多斤（1 斤 =500 克，全书同），成为浙江省首批名茶种植、生产、科研企业的学习典范。

（图为浙江省新昌县澄潭茶厂的生态茶叶基地）

浙江省新昌县澄潭茶厂不断提升发展，年年在全国各茶博会上崭露头角，自 2016 年，浙江省新昌县澄潭茶厂多款产品获得金奖荣誉。2016 年 5 月，在西宁举办的浙江绿茶（西宁）博览会名茶评比中，“府燕尔”牌“大佛龙井”荣获金奖；2017 年“三月熙春”荣获上海国际茶业博览会金奖；2018 年、2019 年浙江农博会优质产品评选中“府燕尔”牌“大佛龙井”荣获金奖；2019 年 9 月 5—8 日，在上海举行的以“茶，品味高品质生活”为主题的 2019 年第 26 届上海国际茶文化旅游节中，“府燕尔”牌“天姥云雾”荣获金奖。

2020年，新冠肺炎疫情肆虐，给茶叶企业带来了意想不到的困难。3月30日，由浙江省农业农村宣传中心、农业技术推广中心和新昌县人民政府共同举办的“抖音有好货、县长来直播”龙井专场活动在新昌县中国茶市举行，主推“大佛龙井”等三大产区龙井。经过前期的产品审核和人员考试，浙江省新昌县澄潭茶厂“府燕尔”牌“大佛龙井”入选字节跳动扶贫官方账号“山货上头条”的商品橱窗，四款“府燕尔”牌“大佛龙井”在45分钟专场直播中销售19 080单，价值203.5万元。“府燕尔”代表新昌“大佛龙井”向消费者展现了更直观的新昌茶叶的环境、加工与品质，也助推引领了新昌茶叶营销的创新与转型。

更值得一提的是，浙江省新昌县澄潭茶厂下岩贝茶叶基地，为下岩贝村带来了前所未有的茶旅经济的飞速发展。“云尖上茶乡”“云雾中的茶山”吸引了大城市的游客，纷纷闻讯而至，有力地带动了下岩贝村及周边乡村的茶旅民宿、农家乐餐饮、茶山摄影等茶旅经济的发展。

［图为时任副县长吕田（中）在浙江省新昌县澄潭茶厂网络直播中推荐茶叶］

浙江省新昌县澄潭茶厂，作为新昌县的骨干茶叶企业，在茶园标准化管理、茶叶标准化加工、茶类多品类开发、茶旅结合等茶产业经济发展中起龙头作用，为共同推进新昌县茶产业稳健快速发展做出贡献。

浙江省新昌县澄潭茶厂创始人——张铮，与茶共舞，是他的人生追求，也是他的人生情趣。

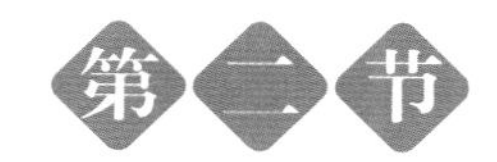

第二节

张雪江——一片赤诚感乡情，几载春秋爱茶心

张雪江，浙江千屿生态茶业有限公司总经理，浙江省茶叶产业协会副会长、新昌县名茶协会天姥红分会会长、新昌县雪日红茶叶专业合作社社长、国家二级评茶师、高级制茶师。

从事茶叶生产经营30余年，他载誉满满：绍兴市第八、第九届人大代表、新昌县天福杯第十届“大佛龙井”茶王赛二等奖、绍兴市民间人才万人计划四星级茶叶炒制师、绍兴市第二批乡村振兴“领雁计划”人才、绍兴市高质量发展奖、绍兴市高质量发展先进个人奖、新昌县县长特别奖、新昌县高质量发展贡献奖、新昌县首届“最美茶匠”“新昌县劳动模范”“新昌工匠”等。

张雪江的老家在新昌县回山镇，生于茶乡，长于茶乡，从小他就对茶叶有着特殊的情感。年少时跟着父辈们一起种茶、采茶、制茶、卖茶，那时的茶叶都是手工炒制，白天采，晚上炒，常常一炒就是一个通宵，第二天还得用扁担担到几十千米外的县城茶叶市场上，人挤人地卖，过程艰辛，收入微薄。

（图为张雪江在现场炒制青叶）

从彼时起，他就暗下决心，要做一名新茶人。二十出头的毛头小伙张雪江，就这样以他敏锐的视觉和商业头脑，开启了他传奇的茶人之路。

起初，他向村里的老茶农请教，全面熟悉茶树品种、茶树生长、茶青叶采摘和炒制技术。掌握龙井茶炒制技术后，张雪江又开始销售茶叶，从去乡下收茶发展到将茶叶放在茶叶市场销售，从 1 斤茶叶到年产年销 10 万余斤，他一步一个脚印、一年一个台阶，以茶人对茶的满腔热情将茶叶这一片小小叶子的价值发挥到了极致。现如今，他更是成为一名拥有一个 2 000 多平方米茶叶加工厂，合作茶园近 4 000 亩，创造并拥有自主品牌“雪日红”“千屿”“龙团小碾”，年产值近 2 000 万元的成功企业家。

他是新昌茶界一位了不起的典范，更是与茶结缘的时代茶人。

以品质立身，打造“茶坚强”

以品质说话，这是张雪江经营中坚守的根本理念。

刚开始经营茶叶，张雪江也和大部分茶商一样，到茶市收购茶农炒好的成品茶，包装之后卖给经销商。但日趋激烈的市场竞争，让张雪江察觉到不能只做“搬运工”，要做就得做行业的“领跑者”。

2009 年，张雪江在掌握一定的龙井茶炒制技术后，被福建武夷山的一家茶叶企业聘请为龙井茶炒制技师。可熟悉龙井炒制技术的他，却碰到了一个大难题。在武夷山茶山，不管采摘的青叶多么标准、炒制技能多么纯熟，炒制出来的龙井茶在颜色、香气、口感等方面都无法达到龙井茶的标准。为此，他披星戴月、实地观察了几天几夜，终于找到了原因：由于茶树品种、生长环境、气候等条件的差异，制作的茶叶品类也就不尽相同，武夷山的茶树品种用来制作红茶是最佳的，但制作龙井却是不适宜的。张雪江就此在武夷山潜下心来，认真学习红茶制作技能。正是凭着他骨子里的那股不服输的劲头，他很快掌握了红茶、白茶、乌龙茶的制作流程和工艺要领。

2017年年底，经过市场考察，张雪江开始投资办厂、加工茶叶。他一方面在城南乡琅珂村与茶农合作，建立500多亩茶园基地，并投资80多万元，购置茶叶生产设备，同时租赁村里1 760多平方米的生产厂房；另一方面他请来县茶叶站的专家，从茶园培育、青叶采摘到炒制技术，对每个环节、每处细节进行系统培训和指导，使生产出来的茶叶无论外形、香气，还是口感都达到标准、优质。2018年年初，张雪江承包了琅珂村老烟站，修整重建，引进国内先进的大型红茶加工设备及生产线，并成立了新昌县城南乡千屿茶厂，注册了“大佛龙井”“千屿”品牌。一条规范化、规模化的生产线应运而生。

（图为张雪江创办的千屿茶厂）

（图为龙井茶生产车间）

2019年11月上旬，张雪江邀请浙江大学茶学系教授王校常博士来合作社和茶厂进行指导，实地设计了现代化新茶园，引进茶树新品种，实现管理现代化（包括耕种、施肥、修剪、采茶、灌溉控温、防冻等）。作为新茶园创建示范项目，现场设计完成后，就开垦种植。该项目的建设成为了新昌县现代化新茶园示范样板，为新昌县茶园现代化建设提供了宝贵经验，为推动新昌县茶产业发展写下了浓墨重彩的一笔。

截至2019年年底，张雪江的茶厂已累计带动周边乡村千余名茶农

（图为部分荣誉展示）

实现增收，他生产、销售的“大佛龙井”“天姥红茶”更突破了10万斤大关。由于品质过硬、表现突出，他所经营的合作社和茶厂先后获得了国家级星创天地、省级星创天地、规范化茶厂、新昌县农业龙头企业、省级科技型中小企业、县长特别奖、绍兴市高质量发展奖等十余项奖项，申报实用新型专利数十项。

坚持“以品质说话”，使张雪江成了业界名副其实的“茶坚强”。

以品牌立市，打造“茶名片”

（图为“雪日红”“天姥红茶”展示）

以品牌立世，这是张雪江经营中坚守的基本策略。

眼见茶叶生意越做越大，张雪江始终觉得虽然有了生产加工茶叶的场地，但如果没有自主品牌，就好像缺少“灵魂”，难以拥有长久稳定的客户。2010年，新昌县人民政府提出“以红补绿”多茶类战略，并出台发展红茶相关支持政策，张雪江当即以他敏锐的市场嗅觉，率先在新昌县开始了“天姥红茶”的生产加工，并成功注册“千屿”和“雪日红”两个茶叶商标。有了优质产品，以及专属品牌名称和个性化包装的保驾护航，张雪江的“千屿”牌“大佛龙井”和“雪日红”牌“天姥红茶”的销售市场迅速拓展。

2018年，他又成功开发“单芽高品位红茶”，2019年年生产量1 000多斤。“单芽高品位红茶”的问世，不仅销量直线上升，价格更是达到了空前，每斤在1 000元以上。在绿茶品类上，他的“大佛龙井”年产量1万斤以上，同时还开发生产了1 000多斤高档毛峰，既满足了老客户的需求，又提高了经济效益。

2019年，他又开发了“小茶饼”这个新产品。在完成春季红茶加工后，张雪江将加工好的成品，通过压、烘等工艺，制成扁圆形的每个重5克的小茶饼，红茶、绿茶都有。这种“小茶饼”不但外形小巧美观，而且携带方便，质量也上乘，刚投入市场，就深受消费者与客商青睐，产品销量势如破竹，张雪江又一举开发了三个包装的新产品，获得客商与消费者的一致好评。

（图为“大佛龙井”十九峰景区形象店）

（图为小寺岙茶馆）

“好马配好鞍”，为更好地推广旗下品牌，张雪江更是“慧眼识珠”，觅得两处好地，打造了两个高端品茶馆，“大佛龙井”十九峰景区形象店和小寺岙茶馆分别于2022年2月和10月盛大开业，清幽静谧的世外绝地，古色古香的雅致装修，品茶人置身其中，一种超凡脱俗、宠辱不惊的闲适感油然而生。

就这样，张雪江以“节节攀升”之势，在茶界一路高歌猛进。自2010年起，企业的年销售额已达100万元，并且以年均增长30 %以上的幅度继续攀升，到2019年年销售额已突破1 500万元。张雪江自信地说：“我的目标是不但将茶叶的品质做到最好，在品牌上也要实现最佳！”

以诚信立本，打造“茶温暖”

以诚信立本，这是张雪江经营中坚守的人生信条。

张雪江对制作茶叶的每一道工序都精准把控，以茶叶干燥度为例，他说：“只要用食指和大拇指轻轻一捏，就能马上变成粉末，这样的茶叶耐放且味纯。产品品质的背后体现的是做人的品德。”张雪江常说：“要做好生意，就要先做好人。做人诚实，产品质量才有保障，生意往来才有信誉可言。”因此，张雪江不管是与人谈合作，还是与客户做生意，都始终坚持做到诚实守信、公平公正，也因此赢得了口碑、赢得了客户、赢得了市场。

（图为中国茶市门店）

2011年，张雪江在中国茶市开了自己的门店，鲜红的“雪日红”三个大字，在全国最大的龙井交易市场中显得格外醒目；而更让人信服的，是张雪江的经商品德，诚信，是他一以贯之、牢牢坚守的原则底线。

为打开“雪日红”牌“天姥红茶”的销售市场，他不但坚持做出最好的品质和品牌，更是凭着一股不服输的劲，背着茶叶，北上京津，南下广深，远赴东西北，近跑江浙沪，走遍了大半个中国。功夫不负有心人，张雪江最终凭借“优异品质、诚善经营”，使“雪日红”牌

"天姥红茶"在各大城市都有了固定的经销商。

对待客户，不管生意大小，张雪江始终坚持以诚为本、以信立足。有一位来自东北的客户，经朋友推荐，初次购买了张雪江的"天姥红茶"，回家请朋友品鉴后，都觉得他的红茶口感醇厚，实属精品，而且价格还实惠，就通过微信再次购买。不仅如此，该客户还提出要和张雪江进行深度合作，在东北开设"天姥红茶"专卖店。张雪江以他的"诚信务实、抱诚守真"赢得了这个客户，也打开了更大的市场。

对待家乡人，张雪江更是以"茶"之名，用实际行动反哺家乡，回报社会。2020 年，受新冠肺炎疫情影响，茶农们的春茶可以摘了，却看不到收青叶的人。张雪江得知这一情况后，当即向上级部门反映，提出"抗击疫情·紧急改产"计划，投资 50 余万元，新增 2 条龙井茶生产线，解决周边茶农"青叶无人收"的问题。从闲置房屋改造、翻建、拉电到设备安装、调试，短短 7 天时间，35 台机器，2 条标准化龙井茶生产线就投入了生产，张雪江还另外增加了 600 万元投资用于保障青叶款发放，做到现款现结，全面保证茶农利益。此外，为一线防疫人员送温暖，为茶农送培训、送技术，张雪江一件都没落下。

张雪江，诚如他创立的"雪日红"品牌那般，万绿丛中一点红，永远以它纯净、清然的恬淡之姿，在竞争激烈的茶叶品牌中傲然挺立、沁香悠远，让我们始终相信：笃志前行，虽远必达。不啻微芒，终将造炬成阳！

企业简介

浙江千屿生态茶业有限公司是由张雪江创办的一家专业从事茶叶种植、生产、销售、技术研发和技术服务的现代化农业龙头企业。公

淘宝店铺

微信公众号

司生产的“雪日红”牌“天姥红茶”在2019世界红茶产品质量推选活动中荣获金奖，在第五届亚太茶茗大奖比赛中获得银奖。目前，拥有现代化加工厂房约2 000平方米，合作茶园近4 000亩，通过引进国内先进的智能数字化茶叶加工生产线，实现了种植、技术、生产及市场的高度融合，年产优质红茶约35吨，产值近2 000万元。企业拥有“雪日红”“千屿”“龙团小碾”等多个注册商标。先后获得国家级星创天地、省级星创天地、规范化茶厂、新昌县农业龙头企业、省级科技型中小企业、绍兴市高质量发展奖、高品质绿色科技示范基地等荣誉，申报实用新型专利数十项。

第三节 石志辉——把盏问茶，别样的西山茶经

那夜，雨，稀里哗啦下个不停，我邀了“西山碧芽”石志辉老总喝茶。虽然是第一次去他的茶室，但不过十来分钟就找到了处于大佛城斜对面的门店，尽管门店的招牌不是很显眼，可“西山碧芽”已跃然眼前！

雨还在时紧时慢地下着，茶室里却弥漫起淡淡的茶香，看着金黄色的茶水，轻轻啜一口，顿觉神清气爽。在这个小小的茶室里，时光开始慢下来，两个人的世界略显狭小。我们边饮边聊，围绕茶的主题，石志辉仿佛打开一本茶经，更像回忆一段茶业发展史，只听他侃侃而谈，津津乐道，慢慢地把我引进一条浙东新时代的“茶马古道”，让我置身其中。

引领发展创品牌

（图为石志辉的父亲石梦千）

作为新昌县“大佛龙井”的带头人，其父石梦千先生在20世纪80年代初担任红旗公社农牧场场长开始，就致力龙井茶的研发，自此一发不可收。1985年农场实行场长负责制，自主经营，他成为红旗乡农场的第一个承包户，承包500亩茶园，他一如既往，把所有的精力都投入“大佛龙井”的研发，从炒制技术、品种繁育到品牌打造，一路披荆斩棘，不辞辛苦，攻坚克难，开辟了一条从传统茶业向现代茶业进军的成功之路！

1995年石梦千先生创立了“西山碧芽”品牌，是“大佛龙井”众多企业品牌中注册较早的。2004年，“西山碧芽”获得首个“大佛龙井”“浙江省龙井茶原产地域保护专用标志证书”，为推动新昌县“大佛龙井”发展迈出关键一步！“西山碧芽”成为新昌县“大佛龙井”的金字招牌和领头羊。

要使茶产业不断发展，更具市场竞争力，就要不断创新。2000年，石梦千先生创建“浙江省茶树良种繁育基地”，并得到一些高校的专家学者指导帮助，成为“大佛龙井”茶树良种繁育、茶园培育、龙井茶采摘、炒制技术的培训基地。多年来，累计传帮带名茶炒制技术人员数千名，起到示范引领作用。在“大佛龙井”研制的早几年，基地引进36个名茶优良品种，采取无性繁殖，年产扦插良种10万多株，每年为茶农提供插穗250万条；他研创的茶树良种嫁接试验通过省级成果鉴定，并在全省推广，每年提供良种茶苗500万株，成为全国良种茶苗繁育最多的茶场之一，为全国广大茶农茶业发展做出重要贡献！

心血与汗水的付出，终将换来丰收的硕果。随着茶产业的成功发展，各种荣誉也纷至沓来，石梦千先生先后被评为省科技示范户、省科技示范能手、全国劳动模范、中华匠心茶人等，而这些荣誉的获得是对他所取得的成绩和贡献的肯定，实至名归，当之无愧！

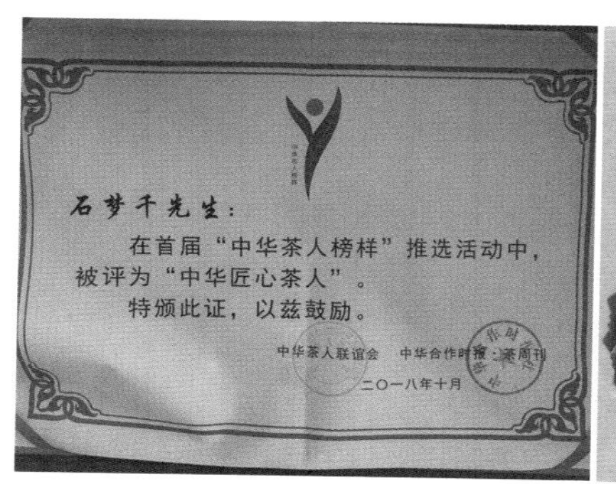

执着匠心制好茶

从小耳濡目染茶产业的石志辉，同样对茶情有独钟，20 世纪 90 年代中期就开始帮父亲打理茶叶良种场，作为资深茶人的后代，他没有坐享父辈成绩，而是深入市场，刻苦钻研技术。1998 年，在茶叶良种场已经学了三年茶叶技术的石志辉，担任了茶叶良种场上海销售主管，两年时间，石志辉背着“西山碧芽”“大佛龙井”跑遍了上海大大小小的茶叶市场，对市场的需求和变化有了亲身的体会。2000 年，他担任良种场销售副场长。几年来，石志辉跟随父亲摸爬滚打，在父亲的指导带领下，对茶产业各种技术要领了然于胸，2005 年，其父将这副担子交给石志辉，当年，石志辉以良种场为基础，创建了新昌县红旗茶业有限公司，成为“西山碧芽”的掌门人。

如何保持“西山碧芽”这块金字招牌，石志辉在公司原有的基础上不断优化，创新思路，着重在品质上下功夫、做文章，一方面提高茶树良种化，另一方面在炒制技术上下功夫，通过全面提升员工炒制技术，建立奖惩制度，聘请制茶高手对员工一对一指导等。功夫不负有心人，经过一系列的提升改善，“西山碧芽”这块金字招牌始终屹立不倒！

（图为石志辉和新昌县红旗茶业有限公司）

（图为新昌县红旗茶业有限公司生产车间）

石志辉的技术创新、科技推广意识与能力很强。2010 年起，公司开始研制“天姥红茶”的生产加工，并注册了“西山红”和“沃州红”商标，开启了“绿＋红”生产新模式，为新昌县“茶业强县”和“绿＋红”茶业战略的实施发挥积极作用。2015 年，红旗茶业投资上千万元，新建 5 300 多平方米的厂房，新增龙井茶自动化生产线和冷藏等设备，建设了清洁化生产车间，实现标准化、自动化、清洁化生产。与全国著名茶叶企业“八马集团”建立了长期产销紧密合作关系。

现在，公司年产“大佛龙井”“西山红”等名优绿茶、红茶 20 多吨，销售额超千万元。产品曾先后多次获得中华文化名茶金奖、国际名茶金奖、浙江省绿茶博览会金奖、上海国际茶文化节金奖等殊荣。

企业商标“西山碧芽”获得浙江省著名商标。2020年第十届“中绿杯”名优绿茶产品质量推选中“西山碧芽”品牌“大佛龙井”荣获金奖。新昌县红旗茶业有限公司被评为新昌县农业龙头企业。

这一块块金牌、一项项荣誉，承载了石志辉与其父亲两代茶人的创业史。

致富不忘桑梓情

为了助力茶农增效增收，石志辉一直在思索如何解决茶农种茶卖茶的大问题，每到采茶季节，茶农白天上山采茶，晚上炒制加工，技术不一，直接影响价格和收益，更无法控制茶叶质量。原料品质的把控是龙井茶标准化生产的关键工序。经过深思熟虑，2007年秋，石志辉组建西山碧芽茶叶专业合作社，吸收大户、散户茶农，创建合作社加基地的新模式，社员的茶园面积达3 000亩，他被乡亲们推选为社长。随后他推出一系列管理举措，统一价格收购、统一茶园管理、统一车间加工、统一品牌销售。质量和价格取得了优势，大大增加了农户的收入，同时减轻了茶农的劳动强度，极大提高了合作社社员发展

新茶园的积极性。

合作社定期对社员进行宣传教育、技术培训，提高社员素质，强化岗位职责。石志辉和他的合作社以及广大茶农，形成了一个强大的团队，成为新昌县茶产业发展中一道亮丽风景线。

西山碧芽茶叶专业合作社在石志辉的带领和精心管理下，茶园增产，社员增收，富裕了一方农户。西山碧芽茶叶专业合作社也先后获得浙江省示范性农民专业合作社、农民田间学校、浙江省百强农民专业合作社等荣誉，2012 年被新昌县人民政府授予新昌县农业龙头企业称号。同样，石志辉本人也荣获全国科普惠农兴村带头人、浙江省劳动模范等荣誉，连续被推荐为新昌县第九、第十届政协常委。面对荣誉和肯定，石志辉没有迷失方向，他戒骄戒躁，更加激发起发展共富的热情！

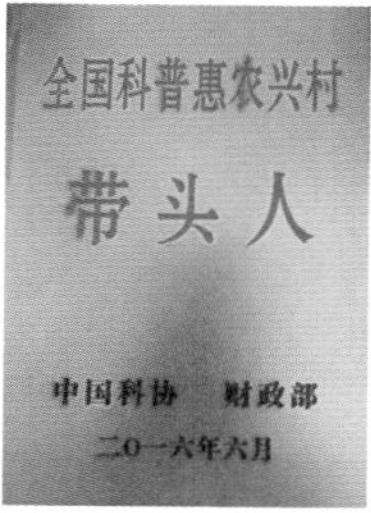

这些年来，石志辉一直兢兢业业，为打造高品质“西山碧芽”而努力，在他眼里，“西山碧芽”传承了父亲持之以恒、艰辛创业的精神，蕴藏敬、精、净的内涵，即对茶业的敬畏之心、对产品力求精益求精、思想的纯洁和灵魂的干净！“西山碧芽”是他和父亲两代人的事业追求，也是两代人的精神风貌，更是新昌县茶农创新务实的优良作风。他把茶和人融合一起，达到一种敬、精、净的境界！

渐渐地，从他的故事中走出来，雨依然时紧时慢地下着。在石志辉心里，“西山碧芽”是他的，也是广大农户的，以后的路更长、更远，但他深信，在这个大舞台上，身后有那么多的茶农支持，在他们的共同努力下，一定会打造一张浙东新时代的“茶马古道”金名片！

第四节

吴海江——情系百姓，用心谱写茶人生

吴海江，新昌县小将镇乌牛岗家庭农场场长，话语不多，一看就是一个憨厚踏实的人。他是一位深深扎根于小将镇里东村土地上的村务工作者，也是一位情系百姓的新昌茶人。

近二十年来，作为一名茶人，他踏实劳作，成功研制出“菩提丹芽”牌“天姥红茶”；作为一名村务工作者，他乐意奉献，授人以渔，用自己的实际行动带领村民摆脱贫困、增收致富。他也先后获得新昌县四星级民间人才、新昌县优秀新型职业农民、绍兴市首批乡村振兴“领雁计划”人才、绍兴市乡村振兴突出贡献个人、浙江省第一批“万名好党员”、绍兴市优秀党务工作者等荣誉。

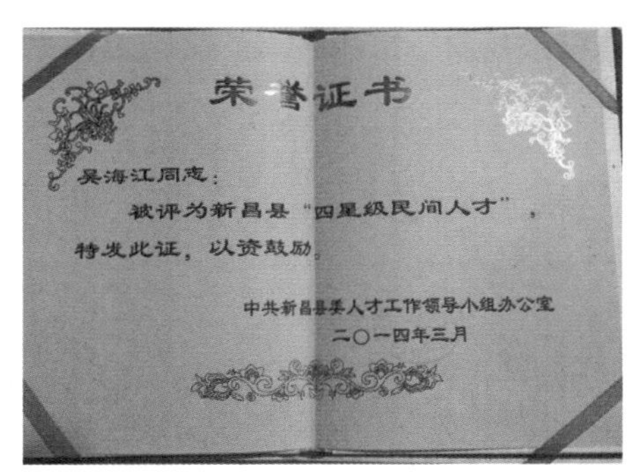
荣誉证书
吴海江同志：
被评为新昌县“四星级民间人才”，
特发此证，以资鼓励。
中共新昌县委人才工作领导小组办公室
二〇一四年三月

荣誉证书
授予：吴海江 同志
“绍兴市优秀党务工作者”称号
中共绍兴市委
二〇二一年六月

情系家乡，一头扎进茶产业

2002 年，吴海江原本在外地闯荡打拼，村里的一通电话：“乌泥岗要荒废了。”情系家乡的他毅然决然返乡，承包了村里的乌泥岗山头，

种植 200 亩茶园。从此，吴海江一门心思都扑在了茶叶上。

“乌泥岗”深藏在新昌县小将镇的高山僻静处，四周围绕的依次是闻名遐迩的罗坑山、菩提峰、天姥山和华顶山四大名山，重峦叠嶂、名山雄姿，整个山脉似一朵盛开的莲花，“乌泥岗”所处之地，酷似莲瓣环绕的莲芯。乌泥岗茶园就坐落在这有山有水、自然相融的风水宝地，山间茶树、樱花、海棠相间，四季色彩缤纷。特殊的高山小气候与深厚肥沃的高山香灰土，造就了乌泥岗茶优异的品质。制成绿茶香气清幽、滋味甘鲜、爽口；制成红茶香气甘甜、滋味甘醇、饱满、柔滑。

承包乌泥岗茶场后，不懂茶叶管理和加工技术的吴海江，为了学习技术，便城里、乡下来回跑，从茶园管理能手和炒茶高手那里取经，通过一点一滴的学习积累，慢慢掌握了茶叶生产相关技术。在茶叶加工过程中，他严格按照茶叶生产相关技术规程，一个环节紧扣一个环节，最终生产出了高品质的“大佛龙井”，并注册了“乌牛岗”和“菩提丹芽”商标，成立了新昌县小将镇乌牛岗家庭农场，在新昌县的茶叶市场上打出了名气。

几年下来，“菩提丹芽”牌“天姥红茶”做出了一点名堂，在县内小有名气。吴海江并没有停止不前，他时刻关注市场行情，不断探索茶叶新品。2010 年，吴海江看到卷曲类名茶的市场前景，开始了他的转型之路，他参照新昌县第一只名茶“望海云雾”的加工工艺，生产卷曲类茶，并定名为“菩提曲毫”。菩提灵气凝枝叶，菩提峰独有的生态环境，云雾缭绕，赐予了乌泥岗茶叶特有的清醇、甘鲜和无限的禅意。

2014 年，对吴海江来说既平凡又不平凡，新昌县正大力推动“红 + 绿”的多茶类发展战略，极力攻克名优红茶加工技术，吴海江及时抓住机遇，开始试制红茶，并邀请县茶叶总站专家驻场指导红茶生产。一开始，他们选取不同嫩度原料如单芽、一芽一叶、一芽二叶等进行试制，经过不断比较，加之“金骏眉”单芽红茶的一夜爆火，他决定采取最嫩的单芽作为原料，并不断研究加工技术，研制出“菩提丹芽”牌优质红茶。制作红茶需要时间和精力，经常要发酵至深夜，可做出来的红茶能被消费者认可，他就喜上心头，也不觉得疲惫了。终于，功夫不负有心人，“菩提丹芽”牌红茶大获成功，成为第二届中华茶奥会新昌县选送的两个茶叶品牌之一，得到会上专家学者和市民的广泛好评，并先后获得2016年上海国际茶文化节旅游节“中国名茶”评比金奖、2018年“浙茶杯”优质红茶推选活动金奖等荣誉，2019年被中国茶叶学会评为五星级红茶。

上海国际茶文化旅游节
浙江省新昌县小将镇乌泥岗家庭农场
菩提丹芽牌天姥红茶
2016第二十三届上海国际茶文化旅游节“中国名茶”评比
金奖
上海国际茶文化旅游节组织委员会
二〇一六年五月

2018“浙茶杯”优质红茶推选活动
金奖
浙江省供销合作社联合社
浙江省茶叶产业协会
浙江省微茶楼文化发展协会
二〇一八年六月

“我们现在不用出门销售，都是老客户主动找上门，还有许多人是寻着味道前来。”多年来，吴海江一门心思做好茶，做出好味道，许多人品味他的茶后，都喜欢上这香浓味醇的“菩提丹芽”牌红茶，订单络绎不绝，茶叶供不应求。

真心奉献，勇当致富领头人

从事茶产业，对吴海江来说，偶然中有必然，必然中有偶然。但他的成功是必然的，因为他始终保持茶人的初心，情系百姓，带领里东村村民共同致富。

早在20世纪90年代，里东村就开始种植花木，有海棠、红枫、桂花等品种，还种植一些小京生、油茶籽、白术等经济作物，畜牧业也占一定的收入，但因为村里没有工业企业，农民还是以花木销售占主要收入。吴海江的成功，无疑是给村民们开辟了一条新的致富路，越来越多的村民开始种植并生产茶叶，还纷纷向他请教种植技术。茶园管理、加工技术、销售等……吴海江耐心的教大家茶叶怎么种、怎么炒。因为他深知“授人以鱼不如授人以渔”，里东村要发展，就一定要让村民们掌握一门技术，他经常抽出时间，利用自己的所长和自己的创业经验，甚至不定期组织专家对村民传授茶叶种植、茶园管理、茶叶炒制等专业技能，通过推广茶叶生产技术让村民们增加收益。近五年来，村里茶农们的生产效率提高近 95 %，收益增加近 80 %，村民们称吴海江是真心奉献、勇当致富的“领头羊”，而他却真诚地说：“独富不如众富，共同致富是我们村干部的职责和目标。”

不仅如此，他的茶场全年雇用季节性茶叶采摘工 5 000 多人，充分发挥了农村剩余劳动力、超龄劳动力的劳力互补、技术互补、资金互补、时间互补、资源互补的作用，有力地促进了农业集约化经营和农业可持续发展。

乡村振兴，产业兴旺是重点。茶叶与花木作为里东村的两大产业，是带动村民致富增收的支柱产业。吴海江作为里东村的党支部书记、村民委员会主任，始终把发展产业、共富情怀牢记在心头，作为自己的主要职责，他做到了！2020 年，他被评为绍兴市乡村振兴突出贡献个人。2022 年，他被评为绍兴市担当作为好支书。

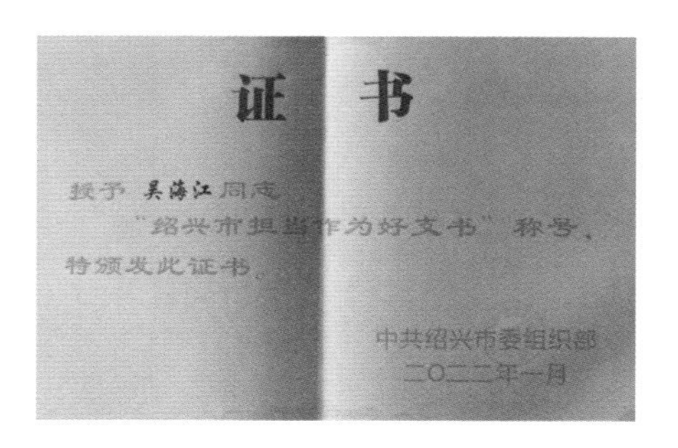

证 书

授予 吴海江 同志

“绍兴市担当作为好支书”称号，

特颁发此证书。

中共绍兴市委组织部

二〇二二年一月

现在到茶市转上一圈，问上一番，

小将茶也在人们心中有了位置、有了分量、有了自信！

以茶为媒，茶旅融合谋共富

菩提峰下的里东村，花香阵阵，流水潺潺，茶香四溢。沿着盘山公路蜿蜒而上，可以看到半山腰间满是雨雾缭绕的迷人胜景，丛丛花团锦簇点缀其中，犹如仙境。在“乌泥岗茶场”牌坊前停下，这便是入口，爬上六七十度的陡坡，驶入花海间，小路的两侧种满了樱花、海棠、红枫等植物，这是吴海江在种茶时候种下的，据他介绍：“种这些花木起初是出于经济考虑，没想到花木遮阴也能提升茶叶的品质。”有了各色花木、常绿茶园的装点，乌泥岗更成为一道独特的风景，上万株樱花在春茶时节绽放出艳丽的色彩，与茶树相邻而居，构成一幅满园春色的靓丽图景，置身其中，让人心旷神怡，越来越多的人慕名前来，乌泥岗也因此揭开了它神秘的面纱，被人们所熟知。

2015 年，小将镇开始举办樱花节，吸引不少来自周边城市和县内的游客到乌泥岗赏樱花、品春茶，共话乡村振兴，共谋发展大计，也为乌泥岗茶场带来更多机遇。“通过举办这样的活动，以花之名、以茶为媒，广交天下友，既把小将的美景推介出去了、又把新昌的茶叶推介出去了，一举两得”，吴海江开心自豪地说。

（图为俯瞰乌泥岗茶场）

乌泥岗茶场，风景秀丽，先后被评为新昌县首届最美茶园、绍兴

市级农村科普基地、诗歌创作基地、浙江最美赏花胜地等，已然成为小将镇响当当的金名片。

在里东，一片片的茶叶，变成了“金叶子”，铺就了一条致富路；一朵朵的樱花，变成了“金花朵”，谱成了一曲共富曲。

吴海江，20多年来，踏实勤恳，不敢告劳，带领村民发展茶产业，闯出了一条共同致富路；他用一颗赤诚的心，谱写了他的茶人生，也赢得了村民们的称赞和爱戴！勇往直前，再创辉煌，这是茶人吴海江的人生追求！

茶场简介

新昌县小将镇乌牛岗家庭农场始终坚持“质量第一，品牌第一，信誉第一”，坚持绿色安全生产，获绿色食品认证，主要生产“菩提单芽”牌红茶和“菩提曲毫”牌云雾茶。

生产地乌泥岗茶场，面积300多亩，位于新昌县最高峰菩提峰（996米），属山坡砂岩茶园，茶场最高处距主峰仅100多米，茶场人迹罕至，生态环境独特，天然无污染。优良的茶园，雄厚的技术实力，先进的工艺装备，独特的加工技艺，打造出菩提茶与众不同、优异卓著的品质风格。所产“菩提单芽”牌红茶多次荣获博览会金奖，被评为五星级红茶，供不应求。

近几年，新昌县小将镇乌牛岗家庭农场结合茶文化和独有的旅游资源，打造茶旅文化特色，2017年被列为新昌县生态旅游示范基地。

第五节
丁国统夫妇——茶为媒，和一生

在新昌县茶界，有一对夫妇是出了名的，他们把“大佛龙井”这片“小叶子”做成了“金名片”“金饭碗”，打造了一条“基地＋生产”“销售＋品牌”“互联网＋”的成功之路。他们就是丁国统夫妇。说起他们的姻缘，丁国统深情地说：“我们因茶结缘，妻子是我的福星，她不但给了我爱情，也是我事业上最得力的助手。”

丁国统17岁就外出炒茶、卖茶，迄今为止已经从事了30多年的茶叶生意，说起这30多年来走过的振兴家乡茶叶的艰辛路，丁国统无比感怀，他说他的追“茶”之路可以写一本书。他以满怀深情书写了从茶农到茶商，再到茶人的发展奋斗史，也一并见证，更亲历了新昌县茶产业的发展历程。

丁国统是回山镇大安村叶家自然村人，家乡盛产茶叶。1986年，有师傅到村里教龙井茶炒制技术，丁国统也去学了。经过一段时间的勤学苦练，他熟练地掌握了炒茶技术。1987年，17岁的丁国统就背着一口茶锅到杭州、宁波等地炒茶、卖茶，以小本生意开启了他的追“茶”之路。

高山上来了一个“背锅侠”

1990 年，丁国统在临安承包了 60 亩茶山，带了五个人去临安炒茶。茶叶旺季的时候，他们常常炒茶到天亮，都累垮了。工人们实在撑不住了，不肯再加班炒茶，可青叶放不住，因为堆放时间一长，就烧焦了。实在没办法了，丁国统就两天两夜不合眼，独自坚持炒茶叶，真熬不住了，打起瞌睡，头一点点垂向炒锅，被热气熏醒，又接着炒。丁国统说：“那段时间没日没夜的炒茶，真把我炒怕了！”

尝够了炒茶的辛苦，丁国统开始转型做收干茶的买卖。

“寒冬”里飞来一只“爱情鸟”

1995 年，丁国统在临安的时候，有个朋友包了个工地，丁国统闲暇时过去玩，在那认识了在工地上干活的新昌老乡。后来，这位老乡在干活时腿受了伤。出于同乡情谊，丁国统去医院看望这位老乡。在医院里，丁国统第一次见到了在医院看护父亲的这位老乡的女儿。她叫张泳证，是回山镇东琅村人，当时在宁波工作。

丁国统说：“1997 年，是茶叶行业的灾难年，茶叶大量滞销、积压，那时还没有冷库，眼瞅着快过年了，新茶就要上市了，没有办法，只能挥泪甩卖，90 多元的茶叶 51 元卖了，50 多元的茶叶降到 19 元。”经过这次“茶业寒冬”，摸爬滚打了几年的丁国统不仅亏光了所有积蓄，还欠了 2 000 多元债。

（图为宁波门店）

1998 年春，心灰意冷的丁国统到宁波散心。也正是这一次，他和张泳证联系上了，并开始交往。在俩人的交往中，张泳证不但提振了他的信心也帮他重拾了希望。张泳证让丁国统到宁波的茶庄、茶叶店走走看看，开阔一下视野。果不其然，宁波高档大气的茶庄让丁国统大开眼界，“原来，茶庄可以这么高级呀！”丁国统作为一个茶叶人，心中有了更高的目标。也正是这一年，在张泳证的鼓励下，两人一起开始在宁波摆摊，开茶叶小店经营茶叶生意，张泳证看店，丁国统跑销售。1999 年，两人结了婚。现在已有了一个 21 岁的女儿和一个 13 岁的儿子。一说起他的家，丁国统脸上就洋溢着一脸幸福的笑容。

茶庄里高唱一曲“天仙配”

2000 年，丁国统在宁波开了一家 20 多平方米的茶叶店，因此熟识了隔壁的茶庄老板。茶庄老板经营不善，有意将茶庄转让给丁国统。茶庄有 500 多平方米，接手需支付 7 000 元。丁国统拿不出这么多钱，茶庄老板就让他分期付款。一年之后，丁国统终于付清了所有钱款。也正是租下这个茶庄之后，丁国统的生意越做越大，这个茶庄被一直保留了下来，直到现在还是丁国统赢利最大的“聚财庄”。丁国统发自内心地说：“妻子是我的福星，而这个茶庄是我的福地！”

目前，丁国统夫妇已经在宁波、绍兴、新昌等地共开了六家分店，在大型超市设有茶叶经销商专柜十多个。主打品牌有“大佛龙井”“天姥云雾”“天姥红茶”“白毫银针”等，年销售额在 2 000 万元左右。

（图为宁波门店）

（图为宁波门店）

（图为新昌门店）

（图为绍兴门店）

归故里反哺满怀“家乡情”

经过在外十多年的闯荡，丁国统从一个茶农成长为一名茶商，不但掌握了一手炒茶技能，也积累了一身经商经验，而他身上的那股创业硬劲始终都没有松懈。2005 年，丁国统夫妇在宁波买了车、买了房。但他并不安于现状，始终心系家乡，想着为家乡辛苦的茶农、为改变山区落后的环境贡献自己的一份力量。于是，他与妻子达成共识，回家乡发展，回报家乡。

（图为茶市门店）

2009 年，他回到家乡，又从茶商转为一名茶农、茶商兼具一身的茶人。当年，他们买下了中国茶市二期的两间店面房。

2011 年，他们在老家承包了 350

多亩茶山，建立了“国昊茶业”茶叶基地。

（图为“国昊茶业”茶叶基地）

2012 年投资 300 多万元，建立了面积 1 000 多平方米的茶厂，同时引进全县首家茶叶全自动生产线，日产茶叶 500 斤，从而在全县第一个实现了“大佛龙井”的生产自动化。这座标准示范化茶厂取名为国昊茶厂，还注册了“国昊茗茶”的商标。丁国统说：“国昊这个名字是从他和儿子的名字中各取一个字组成的。”

（图为国昊茶厂实景）

2013 年，国昊茶厂正式投产，在此基础上，丁国统还组建了国宁茶叶专业合作社，合作社的名字则是从他和女儿的名字中各取一个字

（图为标准化生产线）

组成。合作社采取“农户认养”的形式经营，茶园有效实现了“统一管理、统一采摘、统一收购、统一包装、统一销售”，同时也实现了品种高档化、栽培有机化、管理规范化、采摘标准化。产品品质和价格都得到了保障，同时也解决了老百姓卖茶难的问题。

2018 年，国昊茶厂年产加工茶叶 35 吨以上，茶叶年产值 2 000 余万元。近两年来，一直保持着稳定增长的良好态势。

2019 年 4 月，中央电视台（CCTV-7）农业频道《农影智造》栏目专程采访了丁国统夫妇。这对伉俪作为规模化管理、标准化加工、品牌化经营的茶叶企业典范在中央电视台（CCTV-7）精彩亮相。

巧纳新收获满满“致富经”

丁国统满怀信心地说：“以前我走的是‘批发＋零售’的小路子，以后要走品牌之路，在‘基地＋生产’的基础上，顺应‘互联网＋’趋势，跟市场接轨，推广合作，积极打响‘国昊茗茶’品牌。”

茶叶销售竞争日趋激烈，甚至已经到了白热化的程度。丁国统夫妇非常清楚，必须要在传统销售模式的基础上，与时俱进求转变，开阔思路求创新，才能赢得更大的市场。80后、90后尽管对茶叶不精通，但对互联网应用却十分熟稔，他们紧跟潮流，抖音直播、带货直销等新营销手段如雨后春笋般层出不穷，传统的茶叶销售模式已经受到猛烈冲击。他们意识到，国昊茶业虽然拥有自主品牌、生产基地和加工厂，但营销模式守旧，如果国昊茶业能打造一个“线下连锁实体＋互联网销售”的多渠道营销模式，势必能赢得先机、把牢市场。他们是这么想的，也真的这么做了。2020年，在新冠肺炎疫情肆虐的严峻形势下，国昊茶业销售仍然保持约10％的增长势头，销售额2 000万元左右。

念念不忘，必有回响；辛勤耕耘，硕果累累。近几年来，新昌县国昊农业开发有限公司荣获了多项国家级、省级大奖，也是新昌县首批获得“大佛龙井”地理标志和“大佛龙井”防伪标识“双标”使用的茶叶企业之一，相信国昊茶业未来必将缔造更加绚烂的“茶界”新辉煌。

（图为获得的部分荣誉）

吴红云——餐饮人到新茶人的蜕变

他，曾经志在四方，却最终扎根大山。他，不恋城市的繁华，选择守护家乡的宁静。他凭借一腔热血和不懈努力，在新昌这片热土上奏响了绿色发展“交响曲”，也激活了乡村振兴“新引擎”。他就是新昌县罗坑山生态茶业有限公司负责人、新昌县诗路茶业发展有限公司总经理、新昌本土黄化茶（天姥金芽）创始人——吴红云。

（图为吴红云培育的黄化茶）

吴红云，新昌县儒岙镇人，1978 年出生，毕业于浙江旅游职业学院，他生于农村、长于农村，对农业、农村天然亲近。19 岁毕业后，他当过厨师，开过咖啡馆，在外从事多年餐饮事业后，渐渐发觉新昌县山区农业潜力巨大，回乡投身农业的想法日益强烈。直到 2014 年年初，回家休假时偶然在自家茶园发现了一株形貌特异的黄化茶树，好奇之下制成干茶品尝，随着独特的香气、出众的滋味漫入口鼻，一幅新昌黄化茶开发蓝图瞬间在脑中展开，投身农业的热情再也难以抑制，随后决定放下在外的餐饮事业，回乡成为一名新型职业农民——新茶人。自此，吴红云始终以新昌黄化茶开发长远规划、多年对家乡农业发展的思考感悟为主线，以乡亲们对美好生活的向往为使命，辛勤耕耘、孜孜不倦。

吴红云2015年在共青团绍兴市委主办的创业创新大赛上获得优秀的成绩，2017年加入浙江省农创客发展联合会的大家庭，同时在绍兴市大学生农创客发展联合会担任副秘书长一职，2018年获得新昌县十佳新型职业农民称号、绍兴市新农人优秀表现奖等荣誉，2020年由他发起成立新昌县农创客发展联合会，并被推选为会长，和志同道合的一群青年人投身现代农业创业中，在广阔的农村大地上大显身手、大展才华。2021年他被评为新昌县先进标兵、浙江省农技推广万向奖先进个人。数年来，他的事业逐渐起步，邻里有口皆碑。

一山一茶一文化，匠心打造一杯有高度的茶

2021年吴红云毅然承包了新昌县国有林场——小将林场罗坑山生态高山茶园200多亩，成立了新昌县罗坑山生态茶业有限公司，茶园分布在海拔820～960米的高山，全年云雾缭绕，生态环境良好，具备有利于生产名优庄园精品茶叶的水、土壤、空气三要素。这些茶园全部开垦于森林，没有农业种植史，土壤洁净肥沃。公司以“两示范一胜地”为发展定位，大力推进茶产业基地生态化、加工标准化、市场品牌化、全产业链融合发展，做好品质，打造新昌县“一杯有高度的茶”。

（图为吴红云的茶叶基地）

高山种出致富茶，智慧管理全覆盖

智慧赋能产好茶，茶香四溢销路好，吴红云打破传统工艺用创新理念开启茶叶新篇章。近年来，新昌县茶产业紧跟数字化、生态化时代风口，有序推进茶产业数字化改造建设项目，进一步扩大数字农业的应用面，罗坑山生态茶业有限公司是新昌县茶产业数字化改造提升项目之一，总投资 300 多万元，安装了数字化茶叶自动生成线，茶叶数字驾驶舱及茶叶大数据平台，实现茶叶智能化监管，并有效提升茶叶品质和质量；同时在生态茶园基地里安装智能虫情测报专业设备和病虫测报系统，以及土壤温湿度、气象、负氧离子、光照、二氧化碳等监测设备；促进数字茶业新技术、新设施、新业态，推动新昌茶产业健康持续发展。

（图为标准化茶叶加工设备）

（图为标准化厂房）

茶旅融合三茶统筹，实现一片叶子富一方百姓

罗坑山生态茶园地处新昌县六大茶山之一的罗坑山，位于小将镇内，罗坑山森林公园已被列入省级森林公园，以“林茂、树古、泉清、竹修”为主要特色，集茶旅、避暑、健身、科考为一体的综合性森林公园。罗坑山是省级有机茶基地，海拔820～960米，是新昌县最高茶园。基地森林茂密，云雾缭绕，可观赏到清澈山泉碧如翡翠，林内鸟语花香、走兽信步、彩蝶袭衣，成为典型的高山有机茶基地。一行行茶丛碧绿如染，一层层茶山连接云天。罗坑山的云雾茶，外形紧细、色活、有白毫，香气出色有兰香，滋味浓厚甘醇。一片叶子，成就了一个产业，富裕了一方百姓。近年来，茶园立足自身资源禀赋，推动茶叶产能持续扩大，产业链整体水平得以提升。茶树品种结构不断优化，茶园管理水平显著提高，茶叶加工基本实现机械化、自动化。茶产业让一座座荒山变成了金山银山，一棵棵茶树也铺就了一条条乡村产业振兴路。

第七节

盛伟永——中国制茶大师的崛起之路

2021年3月，经中国制茶大师评审委员会评审、中国茶叶协会确认，新昌县镜岭镇的盛伟永被授予中国制茶大师荣誉称号。这位生长于一个仅有百人的小山窝里的茶人是如何获得如此高的成就呢？这里面蕴含了许多艰辛的历程和他对炒茶技术孜孜不倦的追求。

名师指点传承正宗手法

盛伟永是新昌县镜岭镇冷水村寺下坑自然村人，自然村里仅有百人，却有着四位新昌茶王。因为他们曾经得到过名师的指点——西湖区翁家山村的翁永泉先生。盛伟永介绍：“因为我爸爸曾经在翁家山做石匠，和翁永泉成了结拜兄弟。所以翁永泉既是我的叔叔，也是我的师父。当时是我爸爸邀请他来教我们的。”

翁家山村处于狮峰山与龙井山地带的中心。龙井茶向来以“狮龙云虎梅”来排列品第，即狮峰山、龙井山、云栖、虎跑和梅家坞。今年70岁的翁永泉学有家传炒制技艺，已经有50多年的炒茶经验，是当地的顶尖高手，在2018年西湖龙井茶炒制大赛上问鼎冠军。翁永泉曾于1989年春茶季节应邀到寺下坑传授龙井茶炒制技术。

当年，就在盛伟永的老家支了四口柴灶，由盛伟永的父亲盛祖明一人负责烧柴，村里的老小在翁永泉的指导下学习炒制龙井茶，学徒有夺得“天福杯”“大佛龙井”茶王称号的盛焕尧、盛品尧、盛伟永、盛毅永等。盛焕尧是盛品尧的弟弟，盛品尧是盛伟永的同宗侄子，与盛伟永同龄，当时都是 18 岁。周边肇圃、大古年等村村民也赶来学习。盛伟永的弟弟盛毅永才 15 岁，还在读初中，也抢着要来学炒茶。盛毅永说：“这么多人在我家里，感觉热闹、新鲜啊，我也凑热闹，吵着要学。”

翁永泉对学徒的要求十分严格，抖、搭、捺、拓、甩、扣、挺、抓、压、磨龙井炒制十大手法一个也不允许走样。盛毅永学了一段时间，稚嫩的手上全是水泡，可是学了一半，即便他想退出，师父也不允许了。“师父不让我半途而废。终于咬牙坚持了下来。第二年我就到岩泉村的同学家里做师父了。”盛毅永为当年的坚持感到庆幸和骄傲。

盛伟永在 1990 年、1991 年继续到翁家山跟着师父学习茶叶炒制、茶园管理，此后也一直处于学习领会、提升技艺的状态。

名茶崛起博采各家之长

盛伟永的制茶技艺进步，不仅仅是因为他获得了正宗的技艺传承，更与新昌县这一方茶叶发展宝地息息相关。在他从事制茶行业的 30 多年里，他能够及时有效地获得当地农业部门的指导，与有关同行积极交流，使得他能够博采众长，技艺日益精湛。

新昌县从 1984 年开始试制旗枪、1985 年开始试制龙井茶，到“大佛龙井”横空出世，连续多年蝉联中国茶叶区域品牌十强，成为全国第一个通过行政认定的龙井茶类中国驰名商标，最为关键的基础支撑是新昌县对茶叶质量的坚守、对炒制技术的重视。

盛伟永积极参加每一次农业部门举办的相关培训，无论是理论课堂学习，还是现场观摩教学，他都始终跟随农业部门的脚步，踏实前行，一点一滴地积攒自己的能量。同时，他还踊跃参加相关的炒制技术比赛，以练参赛，以赛促练，不断从细节上打磨自己的技术。

至 2022 年，新昌县已经举办了 17 届中国新昌“大佛龙井”茶王大赛，对夺得茶王桂冠的予以 5 万元的重奖。盛伟永共参加了 12 次中国新昌“大佛龙井”茶王大赛，直到 2017 年夺得茶王桂冠。也就是说，他参加了自大赛举办以来到夺冠期间的每一次比赛。盛伟永说：“每一次比赛都是对自己技术的检验，也是一次技术交流的平台。看一看别人炒出来的茶叶就知道他们成功在哪里，自己欠缺的地方在哪里。参赛对我的提升是最大的。”

随着炒制技术的提升，盛伟永和弟弟盛毅永参加了各类炒茶比赛，获得了众多大奖；其中，2019 浙江省龙井茶手工炒制技能大赛有来自龙井茶西湖产区、钱塘产区、越州产区的 37 名选手进行专业对决，盛伟永、盛毅永兄弟和同村的盛品尧一起获得了浙江省十大龙井茶炒制能手称号。

名牌意识追求精益求精

盛伟永，是新昌县群星茶业有限公司的制茶总师。为了适合企业的商品化生产，稳定生产精品茶叶，盛伟永还精心研究机械与手工的衔接，创新自己独特的手法，生产别具风味的精品茶，积淀成自己的风格，成就了名师风范。

盛伟永说："新昌县从 1996 年发明扁形茶炒制机之后，逐渐用机械替代了手工。就外形来说，手工肯定比不过机械。机器换人是产业发展的必然趋势，现在都是用机械模仿手工的工艺，追求炒制出比手工更好的茶叶。另一方面，在手工炒制的技法演变中也会注重外形，力求做到内外兼顾。"

盛伟永和盛毅永从 2010 年新昌县群星茶业有限公司成立起，就开始负责该公司的茶叶生产。该公司开发的"百鸟峥茗"牌"大佛龙井"茶采用小包装自主品牌包装，并积极参加各类茶博会、农博会、森博会，兄弟两人轮番到展会现场进行手工炒制展演，创出了自己独特的炒制技艺。

茶叶品质的高低，不仅仅是从炒制阶段才开始定型，很多因素在种植管理、采摘方面就已经决定了。盛伟永、盛毅永兄弟为了确保茶叶产品的质量，很早就与茶叶专业村、茶叶大户等达成青叶收购意向，统一种植管理和青叶采摘的规范。盛伟永说："这几年我们都是按产品规格来收青叶的，要求比较高，不能带鱼叶、蒂头，叶片厚度、长度等都有标准。附近的茶农都知道，我们这里要求比较高，价格也比较高。"

新昌县群星茶业有限公司是一家科技型企业，在茶叶生产中有很多奇思妙想，也与诸多院校达成了科技合作。其中一个比较典型的案例就是实现"春茶秋炒"的分段加工技术，这是一个以科研人员为思维创意、制茶大师为技术基础合作完成的创新杰作。

2013年8月，浙江省新昌茶产业科技特派员团队了解到这个情况后，提出了“分段加工”的思路——春茶杀青后冷藏保鲜，过段时间再进行辉锅。科技特派员团队首席专家、中国农业科学院茶叶研究所研究员肖强说：“分段加工可以提高制茶设备的利用率、节省加工技术人才。”

在肖强的带领下，盛伟永、盛毅永也参加了这个攻关团队。经过两年的实践，他们终于完成了技术定型，创出了茶叶分段加工这项专利技术，让龙井茶可以随销随炒，时刻保持新鲜。

一招鲜、吃遍天。茶叶分段加工技术，显著提升了新昌县群星茶业有限公司的品质，在新昌县2022年举办的中国茶叶大会上，该企业生产的“大佛龙井”被评为新昌县顶级的“精品茶”，在节会期间举行的客户对接拍卖中获得众多客商的好评和青睐。

同时，由于多年的技术合作关系，盛伟永的炒茶技艺也得到了中国农业科学院茶叶研究所研究员肖强的高度认可。但凡涉及龙井茶炒制方面的教学，肖强总是第一时间邀请盛伟永共同参加，由他讲理论，由盛伟永实操演练。久而久之，盛永伟也成了浙江省龙井茶炒制的“名牌”。

“苟日新，日日新，又日新。”每一次制茶，或练习或生产或教学，盛伟永总会获得新的体悟。他说：“龙井茶炒制是一门精深的功课，我一直处在学习的路上。”

营销篇

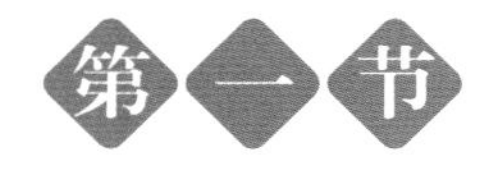
第一节

赵中槐——走出“烟山”赴京经商的茶人

“大佛龙井”作为新昌县农产品的一张“金名片”，已连续13年被评为中国茶叶区域公用品牌价值十强，2022年品牌价值达50.04亿元。“烟山”是“大佛龙井”的主产地之一，也被赋予了“名茶第一镇”美称。

当地人都知道，“烟山”是现在回山镇的美称，相传回山（新昌县最大的台地）四面环山，被数个山峰包围，古称“围山”，经过长时间的历史演变，现被称为“回山”。回山风景秀丽，环境优美，每年的夏秋清晨，山谷中常常出现云雾缭绕的美景，云雾经阳光照射，散发出绚烂彩烟，所以又称“烟山”。步行进入“烟山”腹地，可见连片的绿色茶园，整齐划一，格外喜人，绘就了一幅以茶为主的山水画卷，让人心旷神怡、流连忘返。

“耕读传家”是“烟山”人世代相传的精神，沿袭至今形成“父耕子读”的良好民风。“烟山”人才荟萃，从事茶叶经营的商人非常多，在新昌县中国茶市和浙江省内外经商的茶人队伍中，有40％来自“烟山”。赵中槐就是一位来自“烟山”的老茶人、优秀茶商。

走出烟山，从事茶叶经营

赵中槐，“烟山”上库村人，从小在“烟山”（今回山）长大，经常走村串乡，也接触了大量的茶农，深知茶农采摘、炒茶、卖茶非常辛苦。1985年，新昌县“大佛龙井”正处于研发关键阶段，为了炒制一流的名茶，茶农日采夜炒彻夜不眠，双手在茶季常挂满了炒锅烫伤的血泡。当时新昌县茶叶销量少、价格

低、知名度不高。从小耳濡目染的赵中槐深感自己责任重大，立志要把新昌县茶叶的销量和知名度提上去，因此他开始投身于茶叶经销行业，成了当时茶叶经销商带头人之一。

他从小思维敏捷，意识超前，善于沟通学习，具有经商头脑，可创业之初他没有经验，只是少量的返销，销量和盈利并不多。但他深知茶叶是“烟山”茶农创收致富的重要产业，并且随着“大佛龙井”研发成功，产量逐年增加，拓宽茶叶的销售渠道，将茶叶卖到更多的城市，才是解决“大佛龙井”销路的关键。20世纪90年代初正值计划经济向市场经济转型的时代，政府大力提倡：走遍千山万水、道尽千言万语、历尽千辛万苦、想尽千方百计，闯市场、销产品、树品牌。在“四千精神”的激励下，他带着“大佛龙井”到上海、北京、广东、江苏、河北、山东等地，以不怕苦、不服输的闯劲，推销“大佛龙井”。经过几年的摸爬滚打，他积累了大量经验，茶叶销量和品牌知名度也显著提升，新昌县“大佛龙井”以独特的高山香气和超高的性价比深受大城市消费者的喜爱和青睐。

历经艰辛，闯荡北京茶市

1995年，积累大量经商经验的他受聘于回山供销社，在北京北下关开设绿茶专卖店并担任总经理；翌年又受聘于新昌县名茶公司，在北京文化街成立浙新龙茶叶公司并担任总经理。然而，好景不长，1998年赵中槐遭遇了人生道路上一次重大转折，因新昌县名茶公司在北京的茶叶公司不再经营，赵中槐面临回新昌还是留北京继续创业的抉择。回新昌，有人脉也有基础，过日子不成问题；留北京，虽已闯荡了几年，但无亲无故、无依无靠，生活和工作都面临压力和挑战。但赵中槐是一个不服输的人，他最终决定留在北京，决心要在北京闯出自己的市场、自己的名气，于是他向朋友借钱，在北京马连道茶城开设茶叶公司，取名“北京浙新龙茶叶有限公司”。

众所周知，北京是我国的政治、经济、文化中心，同时也是我国茶叶主要集散地之一。北京马连道茶城大多是来自各产茶区的茶人、商人从事茶叶经营，茶叶品类众多，市场竞争激烈。而此时新昌县“大佛龙井”才刚刚迈入产业化发展阶段，品牌的知名度还不是很高，赵中槐经营“大佛龙井”就比别人要困难些，但他始终“坚持三个不变”，即坚持一个品牌不变——做强“大佛龙井”，坚持一个品质不变——做到品质至上，坚持一个诚信不变——承诺货真价实。凭着“三个坚持”，他慢慢地在马连道打开了局面，站稳了脚跟。

十多年前就闯入北京贩销家乡“大佛龙井”的赵中槐，在创业的道路上经历了不少的曲折与磨难，最终闯出了自己的市场、自己的名气、自己的声誉。2005 年，赵中槐在马连道开设了自己的“‘大佛龙井’专卖店（京 001 号）”，销售量、销售额逐年增加，“大佛龙井”也香飘北京，具有了一定知名度。2006 年，北京浙新龙茶叶有限公司生产的“江南大佛龙”牌“大佛龙井”荣获北京马连道第六届茶叶节暨浙江绿茶博览会金奖。同年，新昌县领导亲临北京为其挂专卖店招牌，并多次赞扬赵中槐为家乡的“大佛龙井”在北京打开了销路、提高了知名度。2007 年，北京浙新龙茶叶有限公司被评为马连道中国特色商业街十强品牌茶企业。

返乡创业，走一体化之路

在北京马连道茶城，“大佛龙井”的品牌站住了脚，北京浙新龙茶叶有限公司发展稳定，赵中槐也在北京安了家，妻子负责经营，他负责采购，公司年销售额超千万元。儿女从小受父母的熏陶，特别喜茶、爱茶，现在均从事了茶行业。一家人其乐融融，温情无比。

但赵中槐懂得居安思危，他脑海中总浮现一些问题，尤其得知国家颁布食品质量安全市场准入制度后，他想到的是家乡茶叶绿色发展和消费者喝上放心茶的衔接，从而坚定了他办茶场、建茶厂，创办自己的茶叶生产基地，走产供销一体化道路的决心。

（图为赵中槐的茶叶基地）

机缘巧合之下，他回到家乡，听说八寺山茶场处于半荒芜状态要转包，并且是有机认证，这和他的想法不谋而合，他立即赶到茶场查看。八寺山茶场面积300多亩，与全国重点寺院大佛寺和著名影视风景区七盘仙谷毗邻，海拔500～600米，环境优美，生态优异，常年云雾缭绕。茶场内种植了上万株桂花树，桂花盛开时节，满园芬芳，还有红枫、杜鹃、金樱、梨等各种野树和果树，和茶树相伴相生，一年四季风景如画。生长在茶区的赵中槐，一看便知这里是生产名优茶的好地方，当机立断承包茶场并着手培育茶树。

随后赵中槐开始着手组织班子上山扎营，筹建茶厂。不到半年时间，2 000多平方米崭新的“新昌县江南大佛龙茶厂”建成，配备了各种手工、电动炒茶锅、先进的化验检测仪器及名优茶生产线，是一家软硬件一流的现代化茶厂，也是当时新昌县规模最大的初制茶厂。现在茶厂年产“大佛龙井”“天姥红茶”“云雾绿茶”等系列产品超万斤，畅销我国北方市场和欧洲多个国家，得到消费者的盛赞和青睐。

“八寺山虽难觅，茗香却可自得。”茶友们从全国各地来到八寺山，被眼前的美景所迷、被清幽的香茗所醉，采茶踏青、观光品茗；也有不少文人墨客有感而发，挥毫泼墨，留下佳作，整个茶场为整座山增添了浓厚的茶文化氛围。八寺山茶场被中华茶人联谊会授予“青年茶园”。

（图为赵中槐及企业所取得的部分荣誉）

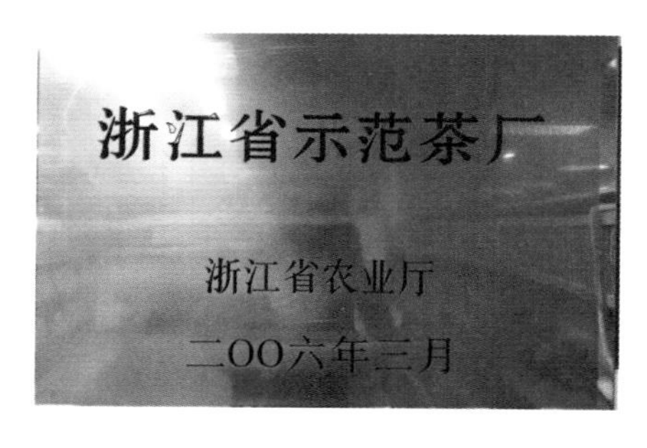

经过十多年的努力，赵中槐实现了他茶叶生产绿色生态化，茶叶品牌产销一体化的理想。2006 年新昌县江南大佛龙茶厂被授予新昌县标准化加工厂和浙江省省级示范茶厂荣誉称号。“江南大佛龙”品牌产品先后荣获浙江绿茶博览会金奖、上海国际茶文化节金奖。

情怀于心，必是精神抖擞，满腹壮志，内心力量油然而生。36 年的茶人生，起起伏伏，当问起赵中槐，最深的感想是什么？赵中槐深有感触地说：“茶早已成为我生活中不可缺少的一部分，有茶的人生是充实的，有茶的生活是快乐的！我现在最想做的就是大力弘扬我们新昌‘大佛龙井’的茶文化，让更多人认识‘大佛龙井’、了解‘大佛龙井’茶文化内涵，并因此爱上‘大佛龙井’，研究茶文化。”

人生如茶，无论是谁，若经不起世情冷暖浮沉，怕是也品不到人生的浓香。如果茶人生是一种情怀，那我们就要用平常心去对待事物，带着激情去生活。赵中槐就是这样带着一股闯劲，怀着一种情怀，抱着一腔热情，脚踏实地走出了属于他的茶人生。

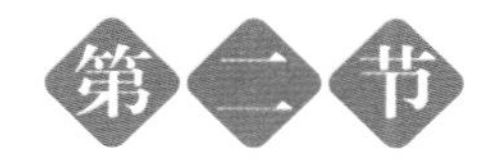

池大伟——“80”后退伍军人的茶叶“触电”之旅

一个有远见的人，总是把关注的目光投向希望、投向未来。

1982年，池大伟出生在内蒙古自治区赤峰市的一个普通家庭，用内蒙古人的话形容，赤峰人是内蒙古的“犹太人”，骨子里具有一种竞争意识，勤奋、执着、健谈、肯吃苦、执行力强都是赤峰人身上的特有标签，由此看来，赤峰人确实和犹太人有很多相似之处。池大伟凭借流淌在血液中的拼搏精神，走出故乡内蒙古，走入茶乡新昌，在茶界的电商海洋中摸爬滚打、过关斩将，历经八年创下了如今的茶叶电商亿元帝国。

（图为电商企业厂房）

他曾说：“做电商是一种时代趋势，是商业手段不是商业目的，我心中真正的茶商就是要把真正的茶文化、茶历史、茶品牌通过屏幕传递给更多爱茶的人，把像‘大佛龙井’这样的好茶带给消费者”。“守其初心，始终不变”，多年来，池大伟始终坚守这份爱茶的初心，其创办的清承堂旗舰店年度销售额几乎每年都以成倍的速度增长，从2014年的1 500万元、2015年的2 000万元、2016年的5 000万元到2019年突破1亿元。池大伟在电商领域的努力让他收获了巨大的成功，也完成了人生的首次蜕变。

抓住机遇，转行茶叶电商

用池大伟自己的话来形容，与茶叶的相遇相知像是偶然，更像是命运的安排。这话得从22年前说起……

由于从小不擅长读书，18 岁时，家里人送他到吉林省通化市当兵。在那个年代，军人退伍后，可以返回家乡谋一份驾驶员之类的稳定工作，生活安逸、衣食无忧。但在池大伟眼中，这种一眼能望到退休的生活根本不是他想要的，他想去外面的世界拼一拼、闯一闯。2000 年，他只身离开家乡，前往通化市自主创业，第一份职业是通化市某药厂的医药代表，机缘巧合之下，药厂派他负责中国产茶大市——安徽省黄山市的医药市场，这一做就是十年。

十年的耳濡目染，茶叶成了池大伟生活中不可或缺的一部分。在一次朋友间的谈话中，池大伟发现茶叶市场很有前景，市面上很多茶商的销售方式仍旧比较传统，线上宣传较少，互联网渗透率不高，市场一片蓝海，这时若能提前“入局”，展开线上营销，弥补空白，一定能干一番大事业。2010 年，池大伟下定决心进军茶叶电商领域，网店装修、上宝贝、客服、支付宝、经营人气……池大伟一点点地了解电子商务，没想到当年店铺的销售额就达到 1 000 万元。

慧眼识茶，倾心“大佛龙井”

2014 年，池大伟在黄山市成立浙江清承堂茶叶有限公司（以下简称清承堂），随着网络销售生意越做越好，当地的茶叶已经供不应求，池大伟总觉得如何能快速地找到优质的茶叶产地是当务之急。2016 年，有一次去茶友家品茶，茶友拿出来一种绿茶，外形小小的，池大伟心想：“这么不起眼的茶叶会好喝吗？”没想到茶一入口，他就被这种独特茶香吸引了，询问茶友后得知这款茶叶是新昌县的特产——“大佛龙井”。池大伟说：“如今回忆起来，那味道还记忆犹新，可以说是一见钟情。”品茶后第二天，池大伟就坐车来到“大佛龙井”的产地新昌县，首先选择去国内最大的龙井茶交易市场——中国茶市，正在

为找不到好茶叶愁得辗转反侧的他，一下子眼前一亮，心中为之一震，中国茶市规模之大、茶商人数之多、茶叶交易量之大，而“大佛龙井”的质优价廉，更是让他下定决心要把公司总部转移到新昌县最重要原因。池大伟说：“我把公司迁建到新昌县，是因为新昌县在生产‘大佛龙井’茶方面有着得天独厚的优势，产地环境、品质管控、品牌打造、规模化发展、茶叶生产加工机械制造等方面都走在全国前列，‘大佛龙井’的品质、品牌也逐渐获得业界专家和消费市场的高度认可。在平时的接触中，我能感受到新昌茶人身上的韧劲、冲劲。新昌茶人凭借全国龙井茶主产区的优势，不断地在新的领域尝试、探索、创新，可以说我在这里看到了茶产业发展的未来。”

2016 年，初来新昌县创办企业的他得到当地政府的大力支持，主动帮助他解决遇到的各种困难，就这样清承堂很快正式落户新昌县。在新昌县名茶协会的帮助下，清承堂破格进入名茶协会取得会员资质，并得到“大佛龙井”商标的授权使用许可。当年，清承堂的“大佛龙井”茶叶线上销售额突破 5 000 万元。这一数据意味着池大伟的公司一年内销售了 125 000 千克的“大佛龙井”，带动了 1 000 户茶农增收致富。在清承堂的带动下，一大批茶商涌进了电商大门，据不完全统计，2016 年，在中国茶市注册的电商会员已经超过十万人，电子商务和传统销售模式的联合发展，推动了“大佛龙井”从高山茶园走入百姓茶杯，“大佛龙井”犹如一匹茶界的黑马，驰骋在祖国广袤的大地上。

诚信为本，品质赢得顾客

大数据时代，随着互联网电商、自媒体行业的飞速发展，电商渠道逐渐发展成为消费者选购茶叶的重要途径，如何在数字发酵的时代建立自己的茶叶电商品牌，池大伟认为“从一片叶子到一杯好茶”的经营理念是清承堂脱颖而出、持久发力的关键。

俗话说："好货不愁卖，好店不愁客"，但酒香也怕巷子深啊！怎么能让更多的消费者通过清承堂这个平台喝到优质的"大佛龙井"，池大伟认为卖茶者首先要懂品茶、会辨茶。为此，池大伟走遍了新昌县大大小小的茶山、茶园，苦心研习评茶技艺。从小不爱喝茶的他，几乎每天坐在茶桌前品尝十几种茶叶，曾一度喝到胃炎发作，他也没想过放弃。凭着这股韧劲和倔劲，池大伟从一个评茶"小白"成功蜕变成一位评茶"高手"，不同季节、不同品种、不同品质的"大佛龙井"他一品便知优劣。

为了突出"从一片叶子到一杯好茶"的经营理念，突出"大佛龙井"的产地优势和品质优势，池大伟建立了一套选品、采购、包装操作规范，在店铺宣传上也是做足了文章。在产品介绍时对"一片叶子到一杯好茶"的理念进行了图文并茂的解说，一方面是文字描述，另一方面采用图片。消费者可以非常直观地看到"大佛龙井"从生长到茶杯的全过程，了解"大佛龙井"的品牌文化。池大伟说："要想把电商做大，诚信是第一步。茶叶用户的忠实度很高，一旦认准某家的茶叶品质，明年、后年、大后年……他们都会回购。也正是由于我们坚守初心，清承堂网店的粉丝量才会从最初的几百人增长到 68.3 万人，客户访问量转化率从最初的 30 % 提升到现在的 70 %。"

紧跟时代，勇做龙井直播第一人

2019 年，直播开始崭露头角，池大伟凭借他敏锐的市场判断力，认为直播行业有可能成为茶叶电商的新营销模式。于是，池大伟带领团队，转战茶叶直播市场。池大伟说："在电商时代，网商就像是舞者，要上台表演，要亲近观众才能赢得更多关注度。"于是他大胆地在炒锅边架起摄像头卖手工龙井茶，自己当主播，在天猫直播平台推销新茶，没想到不到 30 分钟就有近 500 人下单买茶叶。现如今，池大伟的卖茶直播团队从最初的 3 个人发展成 50 多人，直播平台粉丝达到 575 万人。池大伟很自豪地说："直播带给我的成就感不是这一场

直播结束后我能卖多少茶叶、赚多少钱，而是我们每天可以通过直播平台向至少 100 万人传递了中国的茶文化，推荐了新昌县的‘大佛龙井’品牌。我甚至畅想过，有一天，新昌县的茶叶会不会像大米一样普及？”这位龙井茶直播第一人凭借着坚韧的毅力和创新的勇气让团队的年销售额达到 1.5 亿元。

维护客户，细节决定成败

说到自己的成功秘诀，池大伟认为，刚刚创业的朋友要有“前期很痛苦后期很美好，前期很美好后期很痛苦”的心态；做网店要可持续发展，没有稳定的客户做不长久；只有扎扎实实地在网店的产品研发、创意营销、客户服务、物流配送等方方面面做好细节，才能稳住固定的客户群体，并让他们去带动更多的朋友和亲戚，最终实现滚雪球式的客户增长。

池大伟说：“做电商要对消费市场需求敏感，要对市场发展趋势判断准确。中国茶叶消费总量和人均消费总量呈持续上升趋势，随着消费升级、健康理念提升，中国茶叶消费必将持续增长，中国会逐渐发展成为全球茶叶消费的重点市场，像‘大佛龙井’这样的好茶也会迎来属于它的第二个、第三个春天。”

杨富生——让“大佛龙井”香飘齐鲁大地

在山东省潍坊市中华茶博城，有一家很有名气的“大佛龙井”专卖店——烟山茶庄，敞亮的店铺内陈列了各种茶叶，进入店内就能看到醒目的四个大字——“大佛龙井”。这是新昌茶人杨富生的茶叶专卖店，至今已经有整整 27 个年头了。

与茶作伴，携“大佛龙井”走出新昌

杨富生，新昌县回山镇上下宅村人，从小在茶乡长大，与茶作伴，初中毕业的他，到县城修过车、开过店。从事茶叶销售的机缘要追溯到 1995 年，20 多岁的他去山东省潍坊市走亲戚，他看到商场里设置了茶叶销售柜台且茶叶价格并不低，生长在茶乡的他发现了商机，认为自己的家乡就是产茶大县，何不让自己家乡的茶走出来呢？当年，他就向亲戚朋友借了 3 万多元作为启动资金，和妻子一同来到潍坊市，风风火火，开了属于自己的茶叶直销店——烟山茶庄，专卖新昌县的龙井茶——“大佛龙井”。从此他走上了自己的茶人之路。

（图为山东省潍坊市“大佛龙井”专卖旗舰店开业）

杨富生是新昌县第一批外出经销茶叶的大户，经验全凭自己摸索。

（图为“大佛龙井”样品）

茶庄开业后，他才了解到，山东人喜欢喝花茶，对龙井茶比较陌生，认为龙井绿茶是生茶，喝下去会拉肚子。因此，开业一个星期，店里只卖出 16 元。没有经验的杨富生第一年并没有打开市场，还把借来的 3 万多元亏的血本无归。

但杨富生没有因此而放弃，面对失败，他凭借吃苦耐劳的韧劲和做生意的经营头脑，成功携“大佛龙井”走出新昌县。不挣到钱不回家乡，春节他留在了潍坊市，特意调查当地及附近城市茶叶消费群体的喜好，想办法让当地人慢慢熟悉和了解“大佛龙井”茶，于是他将茶叶送给周边的人、路过的人免费品尝，以及利用上门送小包茶试销等方式，介绍“大佛龙井”扁平光滑、肥壮挺直、色泽嫩绿、汤色杏绿明亮、栗香馥郁、滋味醇厚甘爽的特点和冲泡方法，就这样，一传十，十传百，当地人渐渐爱上了喝“大佛龙井”，有些还喝上了瘾，杨富生在潍坊市逐步打开了局面，客户越来越多，生意也越来越好，第二年他销售的“大佛龙井”就超过了 5 万斤，烟山茶庄也扭亏为赢。从此，他们在这里安了家、扎了根。

经过杨富生多年的努力，“大佛龙井”被越来越多的人熟悉、了解和喜爱。烟山茶庄的“大佛龙井”销量逐年增加，1998 年，“大佛龙井”的年销量就超过了 10 万斤，销售区域也不仅限于潍坊市，还辐射到烟台、青岛等市。在采访时，杨富生很自豪地说：“记得 1998 年之后的几年中，每到春茶季，每天在温州到潍坊大巴车的货物托运架上，几乎都是他从新昌发往潍坊的‘大佛龙井’。”

杨富生在推广“大佛龙井”的道路上越走越宽广。2004 年，他到北京、天津、石家庄等市考察茶叶市场，最后选定在天津市开连锁店，最多时天津市有五个连锁店，潍坊市有两个连锁店，天津的连锁店开得很大，有200多平方米，房租一年都要13万元。由于管理不过来，现在只剩下天津市和潍坊市两个连锁店了。现在，杨富生销售的茶叶年产值在1 000万元以上，他多次被评为新昌县十佳贩销大户。

坚守品质，念好“大佛龙井”“品牌”经

“大佛龙井”属龙井茶的一种，在潍坊市的茶叶市场，有很多家店铺经销龙井茶，但杨富生是经销“大佛龙井”第一人。我问他：“为什么要经销‘大佛龙井’，而不是龙井茶呢?”他坚定地说：“我的家乡生产如此好茶，为什么不销？消费者需要好茶，好茶也需要让大家知道。”他有一种使命感，要把自己家乡的茶叶带出去，让大家所熟悉。

杨富生经销“大佛龙井”的道路走对了，成功了。对自己近30年的经商经历，杨富生深有感触地说：“做生意，要品牌化经营，念好‘品牌’经。”如何念好“大佛龙井”的“品牌”经?

杨富生告诉我们：“经销‘大佛龙井’的前几年，消费者对‘大佛龙井’的认知度慢慢提升，我们专卖店的销量也随之增加，但龙井茶市场竞争越来越激烈，非原产地茶冒充“西湖龙井”茶的现象越来越多，价格更是无序的竞争。相对无序的茶叶市场，消费者最需要的就是信得过的茶叶品牌，品牌之于消费者的意义，就像灯塔之于海上的渔夫，品牌就是混乱市场中的一盏明灯。”

念好“品牌”经，需要耐心和涵养。杨富生深有感触地说：“‘大佛龙井’的品质无可非议，要念好它的‘品牌’经，就需要把新昌县‘大佛龙井’独特的品质风格传播给消费者，增加消费者对‘大佛龙井’品牌的认知度，但这远远不够，消费者对品牌的认同和信任需要时间，这就要求做到长期坚持品质的一贯性，品质稍有不一，消费者对品牌的认同感和信任感就会逐步降低。这一贯性，就是品质如一性，就是念好‘品牌’经的根本所在。”2015年，杨富生的“大佛龙井”专卖店被中国茶叶流通协会评选为诚信经营示范店，该店还被选为潍坊市潍城区茶博城商会常务副会长单位。

（图为一些荣誉）

杨富生认为，“大佛龙井”作为新昌县的茶叶区域公用品牌，要持续念好“品牌”经。“大佛龙井”是一匹黑马，用不到50年的时间就可以稳坐龙井茶的第二把交椅，主要是“大佛龙井”性价比高、品质上乘、价格实惠。但“大佛龙井”作为新昌县的区域公用品牌，仍需增强辨识度、增加美誉度、提升溢价力。多年来，新昌县的茶叶销售以“散茶”为主，没有“身份证”，没有品牌，自然也卖不出好价格！新昌县名茶协会对此也做出一系列动作，成功注册了“大佛龙井”的商标，统一了品牌标识，并对“大佛龙井”精品茶实施“五统一”管理，统一标识、统一包装，让消费者一眼能够鉴别什么是正宗的“大佛龙井”。当然，不论是县内茶叶企业，还是县外100多家专卖店，都应当抱团发展，共同维护好“大佛龙井”品牌，共同念好“大佛龙井”品牌经，才能赢得市场。

（图为“大佛龙井”统一标识）

茶香弥漫，“大佛龙井”造就茶人生

“这么多年来，喝过很多地方的茶，还是家乡的茶最香。”杨富生说。

杨富生，今年已经51岁了，还在与茶打交道。当年的他选择茶之路是对的，是成功的。27 年来，有苦有乐，有成功的喜悦，也有失败的悲伤！但他以诚待人，以质服人，打开了他的成功之路，也打开了新昌县不少茶农的成功之路。

杨富生的成功让山区农民看到了希望，不少人也学着做起了茶叶生意，开始就地贩销，再由近到远，从县内到县外，从省内到省外，跑遍天南地北；通过一户带百户，一村带百村，经销名茶的队伍迅速扩大，全新昌县形成了上万人的茶叶营销队伍。2005 年，新昌县出台新政策，鼓励县内从茶人员到县外、省外开设“大佛龙井”专卖店、“大佛龙井”茶叶专柜，走南闯北的茶商队伍，在全国 20 多个大中城市开设了 300 多个“大佛龙井”销售窗口，全县的名茶销往全国各地，让新昌茶香弥漫四海。

不仅如此，杨富生觉得他自己经销“大佛龙井”成功了，但他也是从农村走出来的，他也是从贫穷走过来的，他要把家乡的茶叶销到大城市，他希望家乡的茶农富起来。2003 年，他返乡在回山镇下宅村建办了烟山绿地茶业合作社，雇用了 80 多个农民，手工炒制“大佛龙井”。做生意杨富生是高手，但对加工生产龙井茶管理缺少经验，当年他就亏损了 6 万元左右。杨富生并没有泄气。他生产加工的路没走通，那就继续发挥他的强项，做大生意，把家乡茶销出去。

2019 年，杨富生担任新昌县名茶协会的副会长。责任在肩，他要发挥自己的优势、凭借自己的经验，进一步拓展市场，发展茶业，让“大佛龙井”香飘四海，让更多的茶农得到更多的收益。现在每年茶香四溢的季节，在新昌县回山镇的乡村、在新昌县中国茶市，我们随时都可以看到杨富生忙碌的身影。

“大佛龙井”造就了杨富生的茶人生。他的一生，与茶为伴；他的一家，以茶为乐；他的妻子，默默支持；他的儿子儿媳，继承衣钵，专职从事“大佛龙井”茶叶营销，一家人乐在其中。多年与茶叶打交道，杨富生已经习惯了身边有茶香弥漫，这让他觉得安心、快乐。

（图为杨富生在中国茶市收茶叶）

（图为杨富生及其家人）

第四节

吕文君——甘当绿叶，只为茶业

谁说站在光里的才算是英雄？

他纵然不是风风火火出没于光里的风云人物，他却甘心做那似茶般的绿叶不移其志，不改其心。

他是新昌县茶界中享有盛名的“孺子牛”——吕文君。

不能说在全国范围内吕文君拥有多大的知名度以及获得过多大的成就，他就好似那黄牛耕耘着新昌县茶产业的“一亩三分地”。因此，他也一直是被人们津津乐道的那批新昌茶人中的一位，被称为默默无闻耕耘在新昌县茶产业事业中的幕后奉献者。

在大众的印象中，吕文君从不出现在领奖台上，也好像没有多少长篇累牍的事迹报道。他就是这样一片绿叶，把新昌县茶产业衬托得兴旺繁荣，从而织就成斑斓的“乡村振兴”梦。

吕文君，退休于新昌县种植业技术推广中心，1983 年毕业于浙江农业大学（现浙江大学）园艺系蔬菜专业，曾在新昌县农业局经济特产站工作，任特产站、蔬菜站站长，他也是蔬菜领域的农业技术推广研究员。1999年因工作需要，他兼任新昌县农业招展办公室副主任，专门负责农产品的展示展销及品牌宣传推广。连他自己也没有想到一兼职便成了推都推不掉、忙又忙不完的事业了。自吕文君上任以来，新昌县茶产业突破了原有的宣传模式，一定程度上，将新昌县茶产业推上快速发展的跑道。他也从蔬菜行业专家转身变成了品牌运营策划传播方向的行家。

新昌县是浙江省东部的一个山区县，有“八山半水分半田”之称，总面积不过1 200平方千米，是浙江省茶叶的主产区之一，而茶叶正是新昌县的主导产业，是国内出口“珠茶”的生产基地。20世纪80年代中期，茶叶市场开始放开，传统的“珠茶”销路不畅，原来“只管种，不管卖”的茶农陷入了“卖茶难”的困境。此后，农业部门的茶叶技术人员全力以赴在新昌县全面铺开了“圆改扁”的培训，先后举办培训班500多期，培训了5万多人，形成了一支有10万多人的“圆改扁”生产、采摘、制作队伍。43万总人口中，有18万人从事茶叶及相关产业。当全国茶产业的战略转型刚开始起步时，新昌县已完成了人员培训和茶园改造的关键一步，使茶农、茶园成了为“大佛龙井”崛起而储备的战略性资源，为“大佛龙井”的发展奠定了基础。

有了这样的基础，再加上处于“茶香靠吆喝”逐渐走向前沿的时代背景下，新昌县的茶叶品牌推广工作便落在了农业招展办公室的头上。吕文君也就顺理成章地开启了“绿叶”生涯。

23年来，在全国各类茶博会上都会看到吕文君忙碌的身影。肩上挎一个背包，手里总拿着一大沓文件资料，在会场忙碌照应每一个与会嘉宾的就是他。这么多年来，新昌县的每一场活动，会前的策划组织展示茶产品；会中安排各种“大佛龙井”品牌的推广活动，他都是忙前忙后，把每次展示展销会和每场品牌推广活动办得有声有色。以致众人调侃他说：“你这是不务正业哦。”因为吕文君在大学里学的不是茶学专业，也不是市场营销专业，但他为提升“大佛龙井”的品牌影响力做出了不可磨灭的贡献！

2002 年他参加了第九届上海国际茶文化节开幕式和闭幕式，大胆地向上海组织方提出要在新昌县承办文化节下一届闭幕式，更好地促进产销对接。他的良好建议得到上海领导和茶行业专家的认可，被县领导积极采纳，成功举办了第十届上海国际茶文化节闭幕式暨新昌“大佛龙井”之春茶文化活动。以这一活动为主题的宣传报道纷纷登上上海各大媒体，“大佛龙井”品牌在上海一炮打响，全国各产茶区纷纷效仿申办。

2004 年，老舍茶馆举办了为期三天的“老舍茶馆‘大佛龙井’文化节”活动。为让更多的北京人了解“大佛龙井”，茶馆还特意把连续两年荣获“大佛龙井”茶王炒制大赛的“状元”请到北京，进行现场炒茶，免费让市民品尝，“大佛龙井”的品牌影响力随之大幅度提升；2006 年，瑞典哥德堡号首访中国，抵达广州，“大佛龙井”成为广州“哥德堡号百年享宴”的指定用茶；还有杭州西湖博览会；老舍茶馆的“大佛龙井”献劳模；邀请京城老字号茶庄老板齐聚新昌县；“‘大佛龙井’向奥运建设者献爱心”活动，将 2007 年的优先批“大佛龙井”新茶送到鸟巢的建设现场等营销活动，每场都有吕文君的心血和辛勤付出。

吕文君一心想着如何提升新昌茶叶高端品质，树立“大佛龙井”品牌。2016 年他积极参与提出了新昌六大山头茶，结合当年的“大佛龙井”茶文化节，与茶友会的茶友们一起策划了“微茶楼”寻茶新昌

（图为新昌县茶文化节活动）

活动，对天姥山、菩提峰、罗坑山、安顶山、望海岗、山雪岗六大茶山进行寻访，并对茶山环境作出描述，邀请专家对茶品质作出点评，为新昌县以茶品质树立品牌打下了基础。

2022年4月12日，第十六届新昌“大佛龙井”茶文化节在新昌县隆重举行。会上，浙江大学中国农村发展研究院首席专家黄祖辉发布了2022中国茶叶区域公用品牌价值榜，新昌“大佛龙井”茶品牌价值由2009年的17.34亿元上升到50.04亿元，连续13年入选中国茶叶区域公用品牌价值榜前十。多年来，吕文君牵头策划了15届“大佛龙井”茶文化节，他自己设定的目标是：每一年的文化节要有新的创意，每一场的活动要对茶产业有助推作用。从文化节的主题活动到邀请全国茶界领导、专家、重点茶叶企业等，吕文君都细心策划。

每年茶文化节的前一个月，吕文君在办公室废寝忘食、通宵达旦，为每一届的茶文化节成功举办贡献力量。新昌“大佛龙井”茶文化节也被评为浙江省最具影响力的十大农事节庆活动，吕文君本人也多次被评为中国茶叶流通协会先进个人。

一个产业的兴旺，肯定是一群人共同努力的结果。而在这其中，有的人冲锋在前，成为宣传代言的“扩音器”；有的人兢业科研，成为保质保量的“定心丸”；有的人出谋划策，成为把桨扶舵的“渡航人”；有的人勤恳耕耘，成为甘当绿叶的“俯首牛”。

无论台前幕后，不管光里光外，新昌县茶产业的辉煌离不开许多人默默地奉献，而吕

文君恰恰是这其中的一员，哪怕他只做一片绿叶，但他又何止是一片绿叶！

求永耀——诚信赢客户，一技稳生意

用“是金子总会发光”来描述求永耀一点都不为过。

求永耀，是新昌县中国茶市的一名茶商。因为我曾在中国茶市做过管理工作，对他的印象是话语不多，戴着深度的近视眼镜，看上去文质彬彬，为人处事都非常低调，在中国茶市众多的茶商中，他是一位生意做得稳当，口碑相当不错的新昌茶人。

走进他的商铺A3-1007“忆香茗”，接过他特地泡的一杯“大佛龙井”茶，一边品茶一边和他聊了起来。

求永耀，1993年毕业于杭州市农校茶叶加工与审评专业，被分配到新昌茶厂工作，在当时那个年代，新昌茶厂茶专业人士并不多，新昌名茶也刚刚开始起步，他被安排到业务部，负责名茶的经销工作。1995年新昌县创建了

全国产茶区第一个名茶市场——浙东名茶市场。而新昌茶厂也面临着企业转制、产品转型的关键时刻，厂长要他到浙东名茶市场开办新昌茶厂名茶经营部，并由他担任经营部经理，独当一面全权负责名茶经营。那年，求永耀年仅 22 岁，是市场内有着中专学历、年纪最轻的一个名茶经营部经理。

1999 年，当年的新昌茶厂因经营连年亏损，被新昌制药厂兼并，求永耀被安排到厂总科室工作，从事药品研究，期间又被新昌县委组织部考察后选中，想抽调他到基层乡镇担任副乡长助理，锻炼培训为县管后备干部。求永耀因为在茶叶市场的几年，与茶农、茶叶企业、茶商打交道，他学习掌握了茶叶经销的经验，让他弃茶从政，还真有点舍不得。尤其是四年多在名茶市场的摸爬滚打，也让他看到了新昌“大佛龙井”的发展前景。经过再三思虑，在父母和爱人的支持下，他创办了自己的经营部——求是名茶经营部，他要凭自己的能力，创建企业，成为新昌“大佛龙井”发展历程中的一员。

记得有人说过这么一段话：“信念是人生的太阳，它将永远照耀着你的人生之路。相信自己，春天就会在你心中永驻。虽然春天里也有凄风冷雪，风霜尘埃，但只要你在这春天里，努力去实践你肩负的社会责任，一路轻盈地前行，坚定你的信念。人生就会在你面前展开新的天地。”

求永耀就是坚持着自己的信念，从新昌县浙东名茶市场起步，随着新昌县名茶产业发展而壮大，由求是名茶经营部发展成为今日的忆香茗茶业有限公司，年经销“大佛龙井”茶超千万元，是中国茶市 500 多户茶商中经销“大佛龙井”的大户之一。

求永耀经销“大佛龙井”已有 28 年，和他聊起，有今天的成就，你最深的体会是什么？求永耀告诉我们，并没有什么诀窍，十个字是他的座右铭，即“诚信赢客户，一技稳生意。”

求永耀说：“做生意首先要诚信。”从创办企业开始，求永耀就给自己立下“质量第一，信誉至上”的宗旨，在经销中他自始至终坚持

诚信。在收购审评中，坚持四不收，即“干度不足、香气不正、滋味不纯、净度不够”坚决不收，对高山好茶他做到优质优价、童叟无欺，从而保证了产品质量；同样，对上门采购的外地茶商，他更是坚守诚信，做到四不卖，即“品质不好、价格不实、品牌不真、短斤缺两”坚决不卖，从而获得了广大茶商的信任，赢得了一大批稳定的老客户，至今拥有老客户 50 多家，其中，关系保持 20 年以上有 15 家、10 年以上有 30 家，还有 10 多家曾间断过，经过质量、信誉等多方面比较，又回来继续交易，如今这些知心茶友成了忆香茗茶业有限公司销售的主力军，这充分体现了“质量第一，信誉至上”企业宗旨的成功之道。

我们问求永耀：“‘一技稳生意’的技是指什么‘技’?”他笑着告诉我们：“所谓‘技’就是做生意诚信是本，但也要掌握茶叶生产、加工过程中的技术，让客户采购到‘放心茶’，才能有回头客，才能稳定生意。”

求永耀在杭州农校学习的是茶叶加工与审评专业，为他创业打下了基础。他说：“做茶叶生意，不但要懂茶知识，更需要掌握茶园管理、茶树品种、茶叶加工、茶叶拼配、茶叶品鉴等技术，才能保护‘大佛龙井’的品质和品牌，才能让客户采购到货真价实的‘放心茶’，也才能稳定客户群，将生意做稳做大。”就是这样，求永耀不但以诚信赢得客户的信任，而且从未间断过对茶叶技术的学习和实践，他经常到茶园、茶山、茶叶企业以及茶农加工点，从不同茶树品种的不同茶性到茶叶采摘与炒制技术、从龙井茶的外形色泽到香气口感的品鉴等技能，他都是虚心学习与实践，为自己打下了扎实的茶叶加工与审评的技能功底。

20世纪90年代，像求永耀这样既有茶叶专业知识，又有茶叶生产和加工技能的茶商，在茶商队伍中也是数一数二的人物了，也让他有了一定的知名度。为此，在当时全县推广普及“圆改扁”的名茶发展进程中，求永耀被许多乡镇请去当教师，为茶乡的茶农培训龙井茶的采制技术。1993—1994年，儒岙、东茗、梅渚等乡镇先后举办了25期培训班，培训了500多人次。这批学员也成了他的供货茶农，都愿意将茶叶投售给小求老师。每当茶农来投售时，他总会指出茶叶的优缺点与改进意见。他还经常向茶农传授科学防治茶树病虫害技术，不断提高茶农的植保知识水平与茶叶质量安全的意识，茶农都愿听愿改，品质提高了，茶价升高了，茶农也得到了利益。由此，求永耀也有了很稳定的供货茶叶企业和茶农加工户。他边说边笑着告诉我们，有七八十人之多的老茶农加工户，至今还保持着投售老关系，已有二十多年投售历史了。因此，求永耀的公司所收购的茶叶逐年增多，质量也有保证，并在不断提高。让他做到了所收购的茶叶，每次抽检都合格。使广大茶商与消费者普遍认可“忆香茗”的“大佛龙井”，是真正的“放心茶”。

当我们问起：“三年疫情，‘忆香茗’的生意有否受到影响？”求永耀坦然地说：“影响当然有。”但他的客户是稳定的，这些老客户因疫情销量都有所减少，可他的客户群却是在增加的，因为“忆香茗”的“大佛龙井”不但诚信度高，而且还货真价实，尽管疫情的原因，客户人来不了新昌县中国茶市当面认购，但这些客户都认可“忆香茗”的“大佛龙井”品质和价格，他们都很放心地电话让他发货，所以，“忆香茗”这三年的销售量和销售额并没有减少。

是这一“诚”一“技”，让“忆香茗”保持了采购供货和销售客户的两头稳定，让求永耀的公司生意越做越大。尤其是2008年浙东名茶市场迁入中国茶市后，市场规模扩大了十多倍，茶市设施一流，市容市貌等均属全省第一，从而引来了更多茶商，来自全国四面八方的客户成倍增多，中国茶市的交易量迅猛扩大，成为全国最大的龙井茶交易集散中心，茶叶企业的经销量迅猛增长，“忆香茗”的“大佛龙井”经销量也增长了一倍多，而且年年保持稳定的经销量，销售额年超千万元，每年销售量与销售额一直排在前十名，也成为中国茶市的骨干茶叶企业之一。

也是这一“诚”一“技”，让求永耀的茶事业发展之路越走越宽广。从“求是”到“忆香茗”，求永耀已经历了28个春秋，至今已步入中年。在中国茶市500多户的茶商队伍中，求永耀是一位有学识、有技能、年富力强的茶商，也有了一定的名气。但求永耀却非常低调，他对“名”和“利”有独特的见解。他说：“这个‘名’要实在的‘名’，就是做人要踏实更要低调，不要张扬更不要有虚荣性的名气，要不然会让自己在事业发展过程中失去理智，也经不起任何风浪；而这个‘利’，就是做生意要实在更要诚信，当然做生意都是为了利，但这个‘利’要在诚信基础上得到，要心安理得地得到，这样才能对得起自己的良心，对得起众人对我的信任，也才能让我一生追求的茶事业持续稳妥的发展。”

一路走来，求永耀也获得了许多荣誉。1997年荣获新昌县十佳青年能手称号，1998年荣获绍兴市优秀团干部称号，1999年公司分别被共青团绍兴市委与新昌县委授予青年文明号称号，并多次被评为浙东名茶市场和中国茶市文明经营户、新昌县十佳经营户称号。他的事迹还写入《中华茶人诗描续集》。2021年9月，求永耀担任中国茶市茶商党支部书记。

党员的责任，让他始终如一地坚持着党的“全心全意为人民服务”宗旨，坚守着“质量第一，信誉至上”的经营信念，脚踏实地践行着他的人生目标！

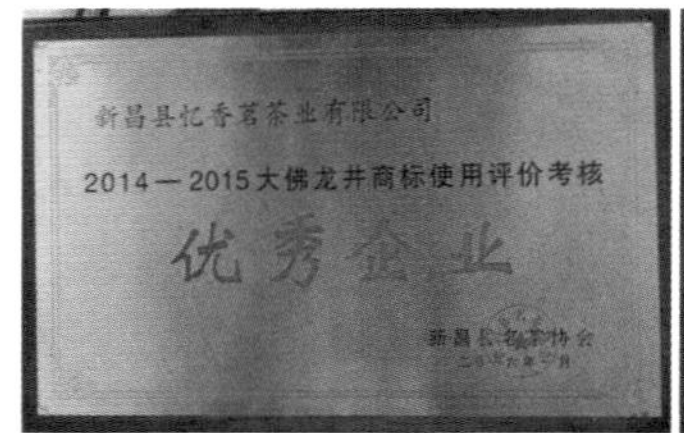

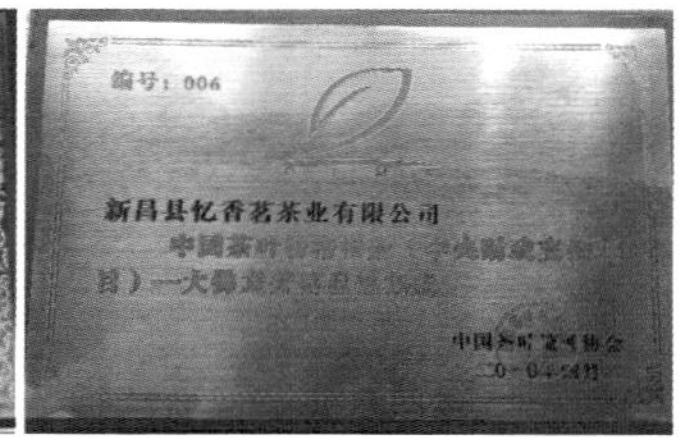

第六节

杨杏生——三十年人生只为茶

杨杏生，中国茶市新昌县九九茶厂门市部总经理，从事茶叶经销已有30个年头。2015年，曾看到过有关杨杏生的一篇题为“敢为人先，不断创新”报道。报道中写道：1999年1月，杨杏生获得“浙江省优秀农产品购销大户”称号，他敢想敢为，创劲十足。现在，虽接近花甲之年，除了增添了成熟老练深思外，依然敢吃螃蟹、敢为人先，在名优茶经销道路上，创出了一个个业绩展示在同仁面前，在他从事名优茶经销的生涯中，曾创出了“五个”第一。

带着一股好奇和敬畏，我们走进了杨杏生在中国茶市的商铺——新昌县九九茶厂门市部。敞亮的二间店堂，摆满了各种包装，杨杏生正在店内的办公室整理资料。看到我们进去，他笑盈盈地站起来，泡茶接待了我们。看上去，杨杏生虽然也已两鬓发白，但仍然精神抖擞、思维敏捷、谈吐自如、一脸笑容，给人一种亲切温和、精干爽直的感觉。

杨杏生告诉我们，1993年他就开始从事茶叶经销营生，1994年

4月新昌县人民政府在老104国道旁边创建浙东名茶市场时，他就是市场第一批茶商之一，那时他才36岁。屈指一算，从事茶叶经销已有30个年头了。

敢吃螃蟹，从经营家具到经营茶叶

杨杏生，回山镇官元村寒庄自然村人。1977年，他20岁，外出到江西、福建等地以锯木头为生。1988年，他已在外闯荡了11年，这11年，不但磨砺了他吃苦耐劳的精神，也让他积累了经营生意的能力，他用挣到的钱，回到家乡，做起了家具生意，也是当年回山镇少有的万元户。20世纪90年代初，回山人开始炒制龙井茶。1993年，杨杏生看到炒龙井茶的茶农慢慢多了起来，可卖不掉放在家里是个问题，又听说杭州西湖转塘有个茶叶交易市场，龙井茶在那里还是抢手货，他以他生意人的头脑，即刻转行做起了龙井茶的经销生意。这一年的春茶旺季，杨杏生每天往返于回山—杭州转塘的茶叶市场，虽然辛苦，但他觉得一方面帮茶农卖掉了茶叶他也挣到了钱；另一方面，也让他慢慢掌握了品鉴龙井茶品质等级的技能。1994年4月，新昌县人民政府创办了浙东名茶市场，他在市场开起了峰芽茶叶经营部，成为浙东名茶市场第一批茶商。因为他已经有了一定的龙井茶经销经验，第一年他就成为市场内的经销大户。

1995年，杨杏生在经营中明显感觉到，龙井茶的保鲜是所有做绿茶生意的一个瓶颈。名茶市场100多个经销户基本都是缺本缺技术、小打小闹的小商贩，他们都是采用传统的收灰方法来保存龙井茶。而杨杏生敢于创新，第一个在市场建起贮藏龙井茶的冷藏库，推出低温冷藏保鲜保质法，贮藏量10多吨，既保证了他自己龙井茶的贮存，又帮助解决了市场内一些大户存量龙井的保鲜贮藏难题。随后的第二、第三年，一些经销大户纷纷效仿杨杏生，相继建了茶叶冷藏库，基本解决了全市场尚未出售的春茶冷藏保鲜，保障了名茶不变色、不变质。

注册品牌，领先到天津开设直销窗口

1995年，杨杏生从市场上捕捉到，茶叶要做大做强，和工业品一样，必须要有自己的品牌。他立即申报注册了“峰芽”商标，也是市场内注册商标较早的一家茶叶企业。

1998年，随着浙东名茶市场交易量的增加，“大佛龙井”的销售也随之拓展到全国各大城市，杨杏生的年经销额已超过500万元，也积累了一些资金。但他并不安于现状，以他对市场的敏捷嗅觉和敢为人先的胆略，他只身到全国各大城市的茶叶批发市场进行考察调研。随后，他率先在天津市、济南市、扬州市、苏州市开设了四家直销窗口，经过两年的探索，他感到点多分散精力，管理难度较大，就果断关掉了苏州市、济南市、扬州市这三家分店，选择了销量较大的天津市分店，集中精力，主打“大佛龙井”品牌。1999年1月，他被评为浙江省优秀农产品购销大户。

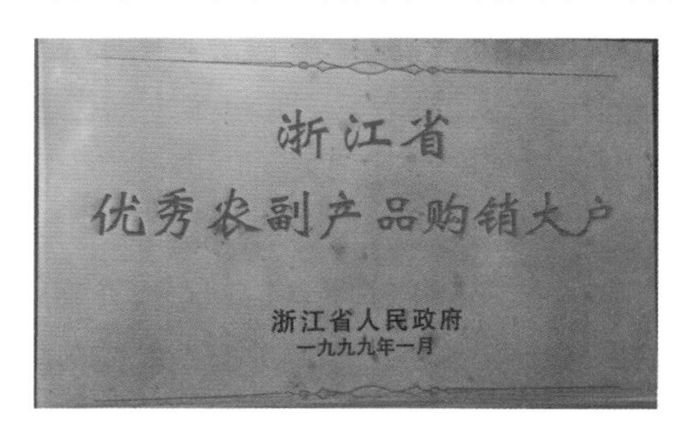

此举，不但成为众多茶商中第一个到外地开设直销窗口的领先人，也成为其他经营户到各城市开设直销窗口的楷模。尤其是新昌县人民政府觉得到大城市开设“大佛龙井”直销窗口，是促进“大佛龙井”发展的良好举措。随之，新昌县人民政府出台了到外地大中城市开设“大佛龙井”专卖店，在政策上给予资金补助。至今，该政策仍然在延续，并增加了补助额度，全国已有“大佛龙井”专卖店（柜）400多家。

杨杏生在天津市开设的“大佛龙井”专卖店，销量逐年增加，从2008年开始，年销售额均在500万元以上。杨杏生说：“近三年，在疫情肆虐的形势下，这家专卖店仍然保持着稳定的销量，也是天津市茶叶市场上‘大佛龙井’销量最大的一家专卖店。”

当我们问起杨杏生："当年你是怎么想的，胆敢领先到外地开设直销窗口。"他笑呵呵地说："任何事都要有人敢去摸索敢去做，才会知道可不可行，当然我是一方面有了一定的资金积累，另一方面也是我不满足现状的性格，想做的事经过熟虑，肯定要去尝试。现在，天津这个窗口是这几年稳定销量的重要窗口，很多北方人对茶叶的消费习惯、偏好等，都是从这个窗口反馈给我的信息，我根据消费者的需求，生产加工适销对路的产品，做到了以销定产，'峰芽'牌'大佛龙井'的声誉不断提高，销售渠道与销售区域不断扩大，已销往江苏、山东、天津、上海等地。2008 年开始，销量年年上升，年产销茶叶 6 万多公斤（1 公斤 =1 千克，全书同），其中'大佛龙井'4.5 万多公斤，'天姥云雾''天姥红'等 1.5 万多公斤，销售总额 1 200 多万元，销量与销售额均列中国茶市茶商的前茅。"

不甘现状，开办茶叶包装厂延伸产业链

1995 年，"大佛龙井"刚刚起步，龙井茶包装的袋与盒，都采用杭州产的包装，以致出现新昌产的龙井茶为他人作嫁衣的现象。1996 年，杨杏生又以他敢吃螃蟹的劲头，创办了新昌县第一家印制名茶统一包装的包装厂。没有厂房设备，他租下市场内的空房，购进设备；不熟悉这行业务，他聘请这方面的专业人才；为展现新昌名茶的包装风格和特色，他广泛征求茶叶专家和客户的意见。一年的时间，他获得了

（图为杨杏生的茶叶门店）

成功。第二年，在他的带动下，市场内另有两家茶商也建办了名茶统一包装的包装厂。从此，新昌名茶有了自己的包装盒，解决了广大茶叶经营散户包装品的需求。杨杏生的包装厂规模从小到大，包装盒款式从少到多，发展到现在，已经拥有厂房 1 200 平方米，印制包装的设备齐全，包装品式样既有软包装又有礼盒装，年生产名茶礼盒 15 万套，其中礼盒装式样有 50 多款。既满足了本地茶商的需求，还外销省内宁波、绍兴、台州等市的十多个县（市，区），并远销天津、厦门、太原等地。包装品的生产加工已成为新昌县九九茶厂的第二产业。

敢为人先，建办龙井茶初制加工拼配厂

杨杏生不但敢为人先，也在不断努力学习茶叶的炒制、品鉴等技能，他也是茶商中最早获得高级评茶员职称的，经过几年茶界商海的磨砺，已成为经销龙井茶的行家。但他感到“大佛龙井”品质优良，却卖不出一个好价格？他发觉，在收购中由于农户都是一家一户加工，茶树品种又多，收来的茶叶色泽绿黄差异较大、外形茶芽长短不一，不但难以拼配，更是卖不出好价钱。为解决这一瓶颈，2005 年，他又率先建起了峰溢茶厂（新昌县九九茶厂前身），进行收青加工；2006 年获得了 QS 认证书。2007 年随着加工规模的扩大，他将加工厂搬到他的家乡茶叶主产区——回山镇，建造了 700 平方米的收青加工厂，并引进新昌县茶机创新的摊青机两台。他请来了龙井茶的炒制能手，经过反复摸索、不断改进，终于加工出了均匀整齐的高质量龙井茶，不但深受采购商的青睐，也提升了高端龙井茶的价格，更是解决了茶农既要采茶炒茶又要卖茶过度劳动的困苦，尤其是解决了茶农缺乏炒茶技术的困难，达到了双赢的目的。杨杏生办厂的经验被同行

赞扬学习，现在茶商到茶产区收青加工的已有十多家，对提高“大佛龙井”品质和品牌的知名度，促进新昌县茶产业的进一步发展起到了推动的作用。

由于杨杏生领先办起了龙井茶初制加工厂，他的龙井茶品质优良还稳定，也有了固定的客户，他供应给全国的茶商一直保持在 20 多家，他们分别来自江苏、山东、上海、天津、山西等地。2019 年，他入股广盛昌茶业有限公司，成为该公司的龙井茶供应商，年供应量价值 200 万元以上。

在交谈中，当我们问到：“近三年，疫情肆虐，给茶叶市场带来了诸多不利，你是如何稳定保持这么多家的供应商的?”杨杏生乐呵呵地说：“一是做生意的诚信，用双赢的理念维护客户群；二是做好茶叶的品质。”但随着他的信誉度提高，光靠他自己加工拼配高质量的龙井茶，已远远不能满足供应茶商的货源需求。他就引导炒制技术好的茶农，把茶叶的品种归类，在采摘、炒制的技巧以及外形色泽上给他们指导，并以高价收购他们炒得好的高端龙井茶，以优质优价拉开了品质的差价，这么多年来到他的门市部投售的茶农也一直保持在 50 户以上。说到这里，杨杏生很自豪地说：“全县 18 届的龙井茶炒制大王，有八九个茶王炒制的高档龙井都是他收购的。”

2003 年新昌县九九茶厂门市部被县授予无公害茶叶销售窗口，2007 年“峰芽”牌“大佛龙井”获得第七届“中茶杯”特等奖殊荣，2013 年杨杏生再次被评为浙江省百名优秀农产品经销商，2014 年新昌县九九茶厂获得农业龙头企业称号，2020 年新昌县九九茶厂被新昌县名茶协会授权“大佛龙井”农产品地理标志主体单位。

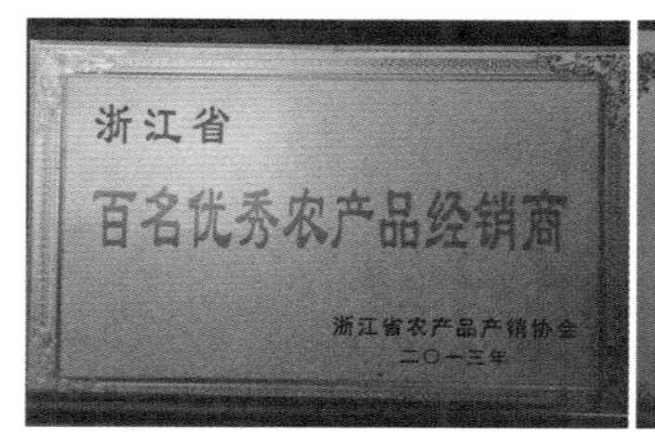

最后，我们问杨杏生："这30年的茶人生，你最大收获是什么？"杨杏生沉思了一下，很自信地说："最大收获也没什么，在这一行一干就是30年，能坚持到现在，不只是挣到了钱，而是我有了自己的茶品牌、自己的茶门店、自己的茶厂、自己的茶包装厂，其中的艰辛也是很难用语言来表达的，最大收获也就是我这30年的茶人生是充实的，一路走来，有甘苦、有喜悦、有坎坷、有成功，为我积累了丰富的人生经历！"

第四章

茶机篇

第一节

袁均富——茶机王国“诞生记”

1979年12月，在浙江省新昌县县城北一个小山村，一名男婴呱呱坠地。父亲是八一公社的一名农科员，恰巧遇上包干到户，改革开放之初，作为从村干部一步一个脚印成长起来的年轻共产党员，他希望全村的人都能一起过上幸福的小康生活。所以他给儿子取名为：均富。命运使然，多年后，袁均富带着父亲的美好期望，踏上了宿命般的创业之路，于2007年成功创立新昌县南明街道均一茶业机械厂，带领着父老乡亲们走上了同富裕、共幸福的康庄大道。

壮志凌云出少年

生在农村、长在农村的袁均富，自幼跟随父亲穿梭于田间地头，指导村民们防治病虫害，跑县农技站学技术，到田间地头解民忧。耳濡目染之下，他从小就对农业生产产生了浓厚的感情，也深知农民劳作的艰辛与不易。彼时，他就暗下决心，在不久的将来一定要实现机械化代替人工，减轻劳作负荷。而这个最朴素的念头，也成了他日后创业的主旋律。时光飞逝，中学毕业后，他进入技校学习，专业便是机电一体化。读完技校，他觉得自己需要进一步提升，于是继续深造并顺利拿到了大专文凭。而这些努力，都为他日后的事业打下了坚实的基础。

1999年，袁均富积极响应国家号召，应征入伍，进入中国人民解放军空军司令部。两年军旅生涯的历练，铸就了他坚韧不拔的个性和过硬的身体素质；部队的图书馆，成了他空闲时间光顾最多的地方，而他读得最多的书，都是和机械设计与制造相关的。2001 年，袁均富光荣退役，怀着满腔的激情和热血，他回到了家乡，开启人生的新篇章。

退役后一周，他如愿加入了浙江印染机械制造有限公司，负责印染机加工技术。扎实的专业功底和不懈的努力让他迅速脱颖而出，入职仅三年，便从基层操作员一路干到加工中心主任。有了一线工作的经验和沉淀积累，袁均富离小时候的梦想更近了。

吹尽狂沙始到金

2007 年，袁均富朝着自己的梦想迈进了一大步。他开始自主创业，研发生产制茶机械。创业初始，举步维艰，场地狭小，经验不足，资金也时常捉襟见肘。但即便在这样的艰苦条件下，他也从没想过放弃。狭小而简陋的车库里，袁均富与赖锵杰师徒一丝不苟地研究制茶工艺、研发制茶机械。制茶工艺优化、茶机图纸设计、零件打磨，机组组装、测试……每个环节他们都一丝不苟、精益求精。当然，研发过程并非一帆风顺，失败挫折在所难免。经过半年废寝忘食的不懈努力，历经前后 17 次不断地改进优化，新昌县第一台燃气式 80 型六角辉锅机终于于 2007 年 8 月在梅园新村车库研制成功。同年 9 月，新昌县南明街道均一茶业机械厂在南泥湾村成立，并注册“均一”商标。从基层员工到创业成功，一直是这个“机械梦”支撑着袁均富不忘初心、踔厉笃行。

样机虽然研发成功了，但是规模化生产需要大量的资金。难题再一次摆在了袁均富的眼前，又一次，父亲坚定地站在了他的身后，将毕生积蓄悉数交给了他；同时，敢拼敢搏的袁均富，也得到了准岳父的高度认可和资金支持。在两位家长的支持下，他顺利解决了启动资金问题。公司刚起步，袁均富干劲十足，由于技术人员匮乏，生产、销售、售后维修，袁均富都身先士卒。一次，一名技术员给袁均富打电话，说有个大客户的机器设备出现了问题，他解决不了。听到这个消息，袁均富当即驱车前往，山路崎岖，弯弯绕绕开了快两个小时，到的时候天都黑了，袁均富马不停蹄，第一时间把自己“关”进了制茶车间。经过细致检查，他发现，原来并非机器故障，而是客户的制茶工艺和机器的设计有较大不同。在和客户沟通后，他立马对机器做了简单的调整，很快，第一批制好的茶叶就如清泉般在机器中奔涌流淌。客户当下就为袁均富诚恳的处事态度和专业技术水准所折服，成为均一第一批忠实客户。通过这件事，袁均富深刻地意识到，服务团队只懂得机器是不够的，还必须精通制茶工艺，而在制茶机械的设计过程中，必须考虑到不同的客户制茶工艺也是不尽相同的。为此，袁均富为自己的服务团队制定了定期培训目标，目的是打造技术更加精湛、服务更加到位的专业技术服务队伍，均一茶机也通过不断地更新迭代，日趋优化和完善。

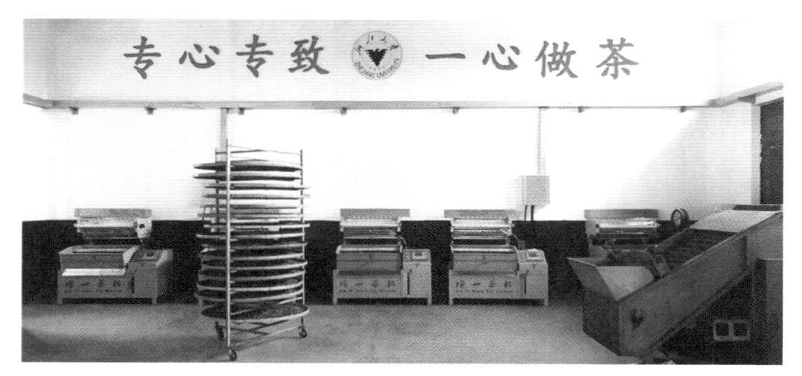

（图为茶叶生产车间）

挥斥方遒上青云

2008 年寻常的一天，袁均富接到一个来自江苏省的电话，称要买

茶机。简单沟通后，对方第二天便来到公司进行实地考察。了解完工厂、走访了均一几个客户后，对方当即确定了六台辉锅机订单。这是均一茶机首次销往外省（江苏省仪征市）。

（图为新型扁形茶炒制机）

2008 年 9 月，均一首创新型扁形茶炒制机投入量产并成功下线，扁茶机极大地减轻了茶农制茶的劳动强度，这也为均一茶机在广大茶农中赢得了较高声誉。2010 年个转企，新昌县均一机械有限公司成立，主要从事扁形茶茶机研发、制造与销售。由于均一追求产品品质，重视企业信誉，扁形茶茶机在国内茶机市场取得了较大成功。2011 年，均一全自动扁形茶炒制机研发成功，至此，均一茶机开始向智能化、标准化迈进。

2012 年，中国首台茶机发明人丁岁放先生携子丁恩阳先生加入均一，为袁均富带来了不可估量的商业价值和精神内核，均一茶机如虎添翼，强强联合精品辈出。2013 年，均一茶机闯出国门远销海外，出口孟加拉国，之后，均一茶机更成功打入印度、斯里兰卡、肯尼亚等产茶大国并保持持续供货。

一路走来，袁均富总是冲在一线，带领团队征战四方，他既是技术骨干，又是金牌业务员、机械培训师、售后服务，伴随他成长的是不断提升的产品品质和不断扩大的市场份额。

然而勤奋上进的人，又怎么可能安于现状、故步自封呢？

随着 5G 时代的到来，嗅觉敏锐的袁均富意识到，5G 定然是未来的发展趋势，对于制造业来说，是真正的蓝海。

2015 年 7 月，袁均富创立加农公司研究数字化平台及物联网茶机。同时，他在心里埋下了一个更大的梦想：进一步提升茶机的标准化、智能化；实现制茶简便化、可视化；让茶叶品质更具稳定性、可控性。

2016年，一体化全自动龙井茶生产线研发成功并获国家发明专利。之后公司厚积薄发，研制了一系列均一经典产品。

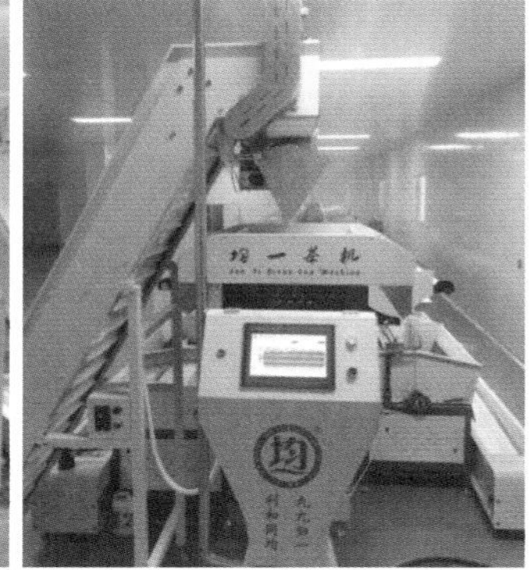

（图为一体化全自动龙井茶生产线）

（图为位于中小微科技创业园中的新厂房）

2018年，袁均富成功购置了绍兴市首块工业地产，为进一步扩大生产规模奠定了基础。2019年是数字化项目爆发的黄金时代。功夫不负有心人，经过不断的设备升级与更迭，均一茶机终于在这一年做到了茶叶不落地的历史性突破，茶叶采摘后直接投入生产，中间环节全都在机器上实现了完结。同时，均一还研制上线了茶园气候检测系统、茶企业生产管理体系数字化等项目。

2020年公司正式入驻中小微科技创业园，宽敞明亮的厂房，将是袁均富又一个崭新的起点。

初心不改香依旧

创业 15 载，新昌县均一机械有限公司始终以脚踏实地的稳健和锐意进取的创新精神走出了一条转型发展的新路子。15 年间，它获奖无数：首批 AAA 级信用企业、浙江省机械行业示范企业、浙江省重质量守诚信双优单位、茶叶里条机行业十大品牌、浙江省纳税信用 A 级纳税企业等，并先后获得实用新型及科学技术成果登记等各项专利 30 余项。

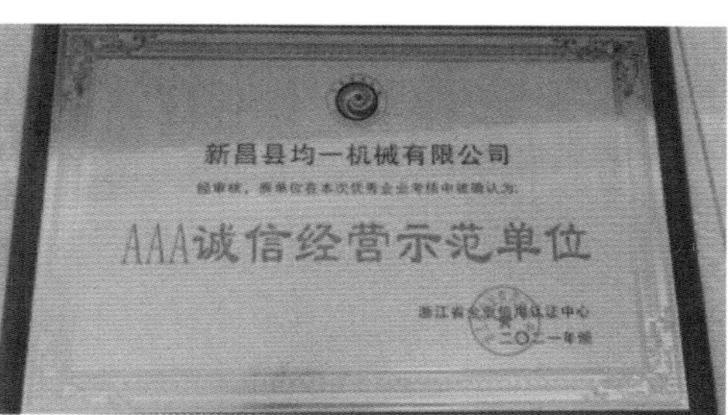

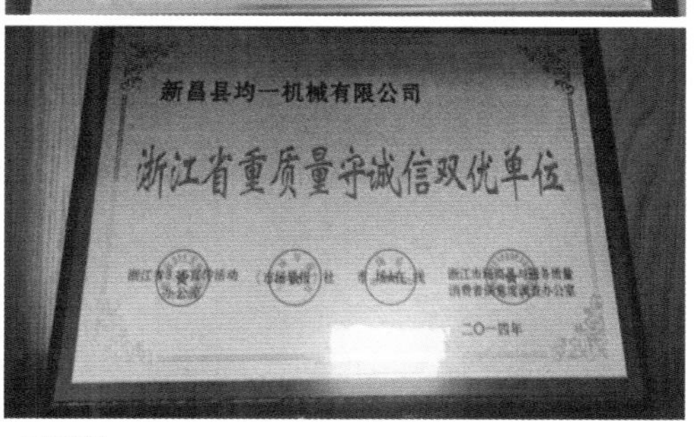

（图为获得的部分荣誉）

现在只要一打开均一官方网站的首页，你就会看见“坚持做好茶机，稳扎稳打，一步步为茶农增级增效，口碑载道铸就今天均一”的广告宣传语。利和同均，九九归一。袁均富把企业巨大的成功，归功于每一个为此奋斗的家人、朋友和客户，真正做到了知行合一、初心不忘。

今天的新昌县均一机械有限公司是一家涵盖整套自动茶叶装备制造研发与生产的综合科技型企业，专业生产扁茶机、辉锅机、理条机、吹片机、摊青机。公司在全自动扁形茶炒制机的基础上，结合现代工艺设计出了一套集全自动茶叶摊青、杀青、理条、上料、炒制、辉锅及筛选于一体的现代化茶叶生产设备。所有工序一次到位，效率高、测算准，袁均富真正做到了将科技红利带给每一位制茶人和饮茶人。

初心恒然，使命依旧。均一为无数爱茶人精心炒制了一叶又一叶的龙井茶，若你也是个爱茶之人，每次尝到香嫩鲜纯、回味悠长的十大名茶之首的龙井茶，那么请偶尔记起这个默默在背后挥汗如雨的均一掌门人：袁均富。相信他和他的茶机王国必将缔造更加绚烂的时代芳华！

（图为一体化全自动龙井茶生产设备）

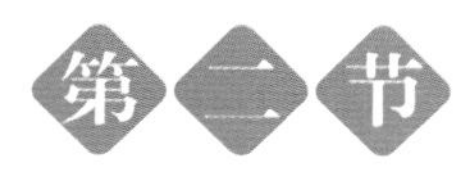

求利东——深耕细作二十年的茶叶机械人

今天让我们来认识一位农业机械领域的佼佼者，他叫求利东，出生于1985年，担任浙江恒峰科技开发有限公司总经理，高级工程师。浙江恒峰科技开发有限公司（以下简称恒峰科技）成立于1998年，是一家专业生产、研发、销售扁形茶（龙井茶）加工设备的厂家。目前是该行业的标准起草单位，产品销量处于行业领先。

茶叶机械属于农业机械的一小类，顾名思义，茶叶机械就是炒制茶叶的加工设备，品种繁多，如红茶加工、绿色加工等大类设备，而恒峰科技是专业生产绿茶加工设备中的扁形茶加工设备，俗称龙井茶加工设备，在整个市场主体中，他们从事了一个相对细分的领域，专业性极强，但在这个茶叶机械领域中，他们深耕细作了近20年，产品追求极致，一直处于行业领先地位。

“恒峰”茶机名声鹊起

恒峰科技由求利东的父亲创立，父亲是一位来自农村的创业者，是改革开放以来的第一代奋斗者，有着老一辈艰苦奋斗、不惧困难、坚韧不拔的精神。新昌县是一个产茶大县，农村老百姓的收入大多来源于茶叶，20世纪90年代，扁形茶（龙井茶）炒制技术从杭州引入，新昌茶农开始炒制龙井茶，起初龙井茶炒制是纯手工炒制。炒制工艺是用手直接与近200摄氏度铁锅直接接触炒制茶叶。这样的工艺产量很低，而且劳动强度高，一不小心就可能烫伤，对人体伤害也很大。父亲来自产茶区，也是茶叶从业者，看到这样的现状，一直在琢磨，是否能做一款机器，代替这个炒制方式。就是因为这样纯粹的想法，才有了后面的扁形茶（龙井茶）炒制机的问世，父亲成为该行业的重要开创者之一。

但是一个新产品从无到有，从有到成熟，要打破茶农原有的固定加工思维，哪是那么简单的事情。父亲一直不断对产品改进研发，坚持了五年，产品的不成熟，茶农的质疑，都是一个艰难的过程。父亲一度想要放弃，直到2004年顶锅式龙井茶机的开发成功，加工质量超越传统的手工炒制加工工艺，产品得到了广大茶农的认可，产品销售一下子猛增。2005 年、2006 年“恒峰牌”茶机分别获得新昌县与浙江省龙井茶加工大赛一等奖，“恒峰牌”茶机因此声名鹊起，成为行业中的标杆。恒峰科技规模也不断扩大，2009 年新建厂房 13 000 平方米，年产能力达 1 万台。

接过父亲手中的接力棒

2008 年，求利东大学毕业，正值恒峰科技的规模迅速扩大，父亲因多种原因，急需生产与管理上的得力助手。这样求利东顺理成章地进入了恒峰科技。一开始求利东有些不情愿，觉得茶机这个行业比较低端，接触的客户都是农民，一开始不愿意去深入了解这个行业，不愿意了解产品技术，不愿意与茶农客户沟通，早些年只是干些文职类的工作。那时无法体会父亲的辛苦和压力。

到了 2011 年，扁形茶炒制机又迎来一次新的革命。因劳动者年龄增大，传统的扁形茶炒制机的加工水平不能满足新的炒制需求，各生产厂家都在抓紧研发全自动扁形茶炒制机，恒峰科技一直以来是行业标杆，所以面临的压力更大。全自动扁形茶炒制机的研发速度与研发质量决定了企业今后的发展，然而这个蜕变的过程非常艰辛。2011

年第一代全自动扁茶机上市就面临着很多的问题，产品技术不够成熟，稳定性不强；客户文化水平不高，操作难度大；同行业之间激烈的竞争等。2011 年开始，种种问题打破了以往稳定发展的局面，恒峰科技生存面临巨大的危机。因售后压力大，从事文职类工作的求利东也被父亲派出去服务茶农，当起了驾驶员。求利东跟着售后服务人员，每天开车几百千米，一家一家地跑。有时碰到不能及时解决客户的问题，需要面对客户的责骂，求利东觉得身心疲惫，第一次觉得这个行业太难了，甚至觉得这个行业不是“人”干的行业，第一次深深地体会到了父亲的不易，第一次主动向父亲提出自己愿意从事这个行业。

深耕细作茶叶机械

但真正的压力与挑战远不是做个司机那么简单。2012 年，求利东开始真正接触茶叶机械这个行业，学习炒茶技术、研究机械构造等，对茶叶机械产品有了初步的了解。为了锻炼求利东，父亲把总经理位置交给了他，自己退居二线。总经理不是那么容易当的，第一面临的是产品问题，产品更新迭代，全自动扁茶炒制机的设计决策需要极强的专业性，需要对茶叶炒制工艺、机械构造设计、电器程序化设计都要有全面的了解，需要掌握的知识太多了，他发现以前学校所学的远远不够用；第二是车间的管理问题，员工的服从问题，员工工资核算的标准等；第三是财务和税务问题；第四是销售的问题；第五是售后服务等一系列问题。

太难了，太难了，此时的求利东深刻地体会到“父亲这么多年太难了”。为了尽快处理以上问题，他自学机械三维画图软件；自己收购青叶，自己炒制茶叶，深刻了解茶叶加工工艺；学习管理、财务课程等。但一个产品，一个企业的成功哪能那么简单！

2013 年，全自动扁形炒制机开始全面普及，传统的手工扁茶炒制机逐渐被淘汰，行业也面临大洗牌，对相关企业又是一次机遇与挑战。

恒峰科技一直是行业标杆，所以求利东面对的压力无比巨大。全自动扁茶炒制机的普及面临最大的问题是售后服务，因为茶农普遍文化知识不高，智能手机都不会用，自动化水平如此之高的茶机基本不会用，这个培训工作给他带来相当大的压力，还有就是初期的全自动扁茶炒制机电器选型质量问题、电路设计问题、机械结构问题都有待市场的检验。

茶机的售后服务有几个特殊性：其一，路途遥远，基本在大山里；其二，茶农普遍年龄偏大，动手能力比较弱；其三，时间比较集中、时间要求比较高，茶叶不等人；其四，基数比较大，几乎家家都有。以上原因，再加上全自动茶机全面普及期，茶机的售后服务遇到了前所未有的挑战。每天售后电话被打爆，客户的责骂、投诉等问题让求利东感受到巨大的压力，他实在太累了，也曾想过要放弃。但仔细想想，恒峰科技来之不易，那是父亲多年的心血。求利东重新整理了思绪，毅然抛掉放弃的念头，决心继续奋斗。为了彻底解决售后难题，他对所有的问题逐一进行总结和分析：第一，提高产品质量，解决售后的根本；更换产品供应商，特别是电器供应商换成进口或国内知名品牌；加强企业内部检验环节。第二，落实经销商售后服务责任制，增加经销商经销利润，把售后环节转嫁到经销商身上，扩大售后服务团队。第三，加强售后服务培训，通过现场培训与网络培训的方式，让茶农自己学会操作机器与修理机器。

通过以上几条措施，产品质量逐年提升，售后问题也得以解决。求利东成功从父亲那里接过了接力棒，“恒峰牌”茶机在全自动扁茶炒制机的普及中依旧是行业标杆。在这个行业中，他逐渐体会到更深的意义，每当帮茶农解决问题的时候，每当听到茶农赚钱的时候，心里无比满足；他还发现这个行业不光是赚钱那么简单，这个行业能帮助太多的人了，心里也无比骄傲。

求利东从一开始对这个行业的排斥到现在完全沉浸其中，企业发展也越来越好。在这几年的茶机设计开发中，他取得了两项发明专利，三项实用新型专利；作为第一起草人起草了一项行业标准，参与起草了四项行业标准；作为第一起草人起草了一项浙江省制造团体标准，参与了一项浙江省制造团体标准；主导的“扁形名优茶自动化连续加工成套设备”获得2018年浙江省装备制造业重点领域首台（套）的产品认定；2022年主导完成“数字化龙井茶加工成套设备”项目的研发。

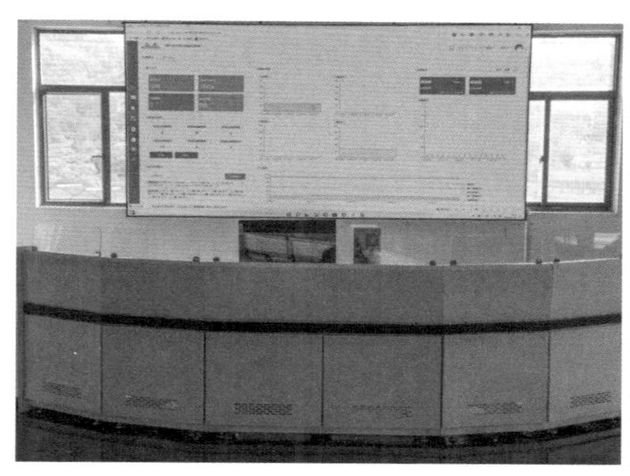

恒峰科技荣获高新技术企业、浙江省茶机行业十佳优秀企业、浙江省农业科技企业、新昌县专利示范企业、绍兴市著名商标、绍兴市诚信企业、新昌县农业龙头企业等称号，还获得新昌县农业科技创新奖、新昌县农业龙头跨越奖、新昌县中小企业跨越奖等荣誉。在茶机质量评比中，还先后获得省级五次金奖与二次一等奖殊荣，获得金奖与一等奖数量在全省同行中领先。

尽管如此，求利东说从事茶机工作时间不长，学识还不够，还得加强学习，不断提高自己的业务水平，争取做一个合格的茶机工程师，为振兴茶机产业多做贡献。

第三节

盛锬洪——爱茶、懂茶的茶机设计者

［图为盛锬洪（左一）］

盛锬洪，一个出生于新昌县本地的80后青年，毕业于浙江大学城市学院国际贸易专业。受父辈影响，与“大佛龙井”结下不解之缘，2011年本科毕业后子承父业，满怀热情地走进浙江盛涨机械有限公司（以下简称盛涨茶机）的大门，专业从事扁形茶加工机械设备研制、开发、生产。

懵懂入行，缘系龙井

今天，相信每一个爱茶的人都知道“大佛龙井”，这个产于浙江省新昌县的一叶翠绿、一抹清香、一汤明亮，她是一杯有故事的茶，蕴含着多年龙井茶的文化与品位，将每一个品茶人牢牢吸引。盛锬洪，一个喜茶、爱茶的青年，不仅被“大佛龙井”深深吸引，更被“大佛龙井”从传统工艺到现代工艺的华丽转身深深吸引。

2000年以前，“大佛龙井”基本是手工炒茶，采制技术考究，很难复制。俗语道：“‘大佛龙井’是靠一颗一颗摸出来的。”每年清明前后，新昌县茶农就以传统手艺制茶，1斤“大佛龙井”一般需要4～5斤青叶，经过采摘、摊放、杀青、回潮、辉锅、分筛、挺长头、归堆、收灰等工序，才能生产出上好的“大佛龙井”。但传统的“大佛龙井”，以手工制茶为主，限制了产量。2000年前后，新昌县茶农发明了长板式龙井茶炒干机，并经过不断的改进完善，机制龙井茶的质量和效益逐步被茶农和茶商认可。2003 年，盛涨茶机开始涉足茶机行业，经过两年的研发打造，2005 年开始销售。当年，龙井茶的机械加工得以全面推广。

毕业后进入盛涨茶机工作的盛锬洪，开启了 4～5 年的跟班学习模式，又花了两年自学机械二维、三维制图，硬生生地把自己逼成了机械自动化专业，但茶机的研发离不开茶叶制作工艺，茶机各项工艺参数要根据龙井茶的加工工艺和品质特点不断改进，盛锬洪请教新昌、杭州等地的专业炒茶师傅，让机器模拟手工炒茶，不断调整机械的尺寸。不仅如此，他对自己有着严格的要求，对每款设计出的茶机炒出的龙井茶，要请专业师傅进行评审，看茶叶是否达到品质要求，还需要在哪项工艺上进行改进，为此，他特意参加评茶员培训，并获得国家中级评茶员资格证书。盛锬洪说："其实扁形茶炒制机的机械原理并不复杂，但要炒出品质好的甚至超越手工制茶的品质需要不断尝试微调机器的尺寸，这些微尺寸的不断调整才是扁形茶炒制机生产最重要的经验。"经过几年的学习打磨，他练就了一身过硬本领，对茶机设计、制造有自己独特的见解。2015 年，他参与了国家行业标准《扁形茶炒制机》《茶叶炒干机》的制定。

做强龙井，机械先行

茶机是个小产业，却有着艰难的发展历程。

2012—2019 年，龙井茶进入全自动炒制阶段。但自从龙井茶自动化、机械化生产以来，关于机器炒茶与人工炒茶的品质优劣之争就从未间断。还曾经有人说："机器炒茶大大降低了龙井茶的品质，会将'大佛龙井'带入没落之路。"2016 年，盛锬洪担任浙江盛涨机械有限公司总经理，面对人机之争的言论，他没有愤怒与彷徨，而是积极地去寻找问题的症结所在。他认为，龙井茶单机炒制茶叶与人工炒制相比最大的优势是炒制温度与压力，人手可以承受的高温有限，可以炒制的下压力也有限。炒制温度越高杀青越透，香味越足；下压力越足，可以更快压扁，比手工可以更快出锅，保证茶叶品质的色与香。之前争论的是，“味”机炒不如手工，这里必须承认机器确实不如人工灵活圆畅。但这只是机炒发展的一个过程，通过机器炒制工艺精细化区分，可以有效解决这个问题。同时工业化生产是大势所趋，会给更多的茶农带来方便与利益，这一点是毋庸置疑的，关于人机之争的症结，其实就是在技术环节以及某些人对于机器自动化的误解。

盛锬洪近几年一直致力于针对龙井茶加工工艺精细化专用设备研发。针对不同区域龙井茶的特点研发不同的机型，适用于不同的茶区。像“大佛龙井”，他开发研究并主导设计了 6CCB-900ZD 型、6CCB-198Z 智能全自动（单锅）扁形茶炒制机和 6CCT-36B 型、6CCT-40A 型辉锅机。像“西湖龙井”，他主导开发设计了 6CCB-901ZD 型、6CCB-196Z 型、6CCB-183Z 型智能全自动（单锅）扁形茶炒制机，6CCT-48A 型、6CCT-56A 型辉锅机，6CH-602 型摆动式辉锅机和 6CCB-390Z 型智能全自动（三锅）扁形茶炒制机。为了尝试更接近人工灵活圆畅的特点，开发设计了变频智能全自动扁形茶炒制机（主轴可调速）。为了进一步提高茶叶杀青温度提高香味，研发设计了 6CL-1360 型、6CL-1680 型茶叶理条机。针对扁形茶加工结束后，免不了有茶叶片和茶叶末，主导开发了 6CDT-21A 型茶叶抖筛风选一体机。为了追求扁形茶加工生产过程中尽可能自动化、机械化，研发设计了 6CTB-B 系列扁形茶加工成套设备。

（图为全自动扁形茶炒制机）

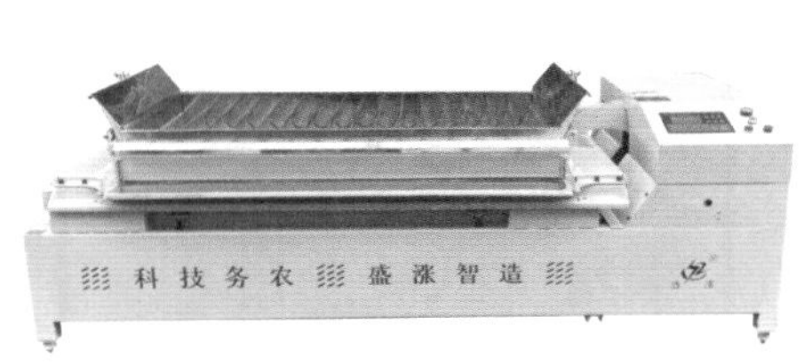

（图为茶叶理条机）

（图为 6CDT-21A 型茶叶抖筛风选一体机）

在盛涨茶机的这十年，他看到了茶叶企业、茶农对龙井茶炒制机的迫切需求，看到了龙井茶炒制机带给茶叶企业、茶农的效益，他意识到他所做的是有意义的。“我就是给茶农打工的，将茶产业做成一个富民产业，是我义不容辞的职责。”盛锬洪说。

原以“赤手翻热锅”手工制茶的茶农，现在家家户户开着三四台茶机，小工厂式的制茶模式，这在龙井茶产区的重点产茶村已成为一种普遍现象。

砥砺前行，科技为先

人家说，80 后是飞速向前、急迫成长的一代，他们接受新事物的速度之快，思想观念与行为方式独立多样，盛锬洪也是如此。

盛涨茶机的技术工艺越发成熟，盛锬洪经过近十年的磨炼打造，对茶业、工业、制造业都有了一定的造诣。但他一直以公司的口号“科技强农、盛涨智造”为目标，不断用热情迎接挑战，不断尝试新事物。他精心研制而成的系列炒茶机已历经多代产品的更替，形成 6CCB-900ZD 型、6CCB-901ZD 型智能全自动（单锅）扁形茶炒制机；6CCB-196Z 型智能全自动（单锅）扁形茶炒制机；6CCB-198Z 型智能全自动（单锅）扁形茶炒制机；6CCB-390Z 型智能全自动（三锅）扁形茶炒制机；6CCT-36B 型、6CCT-40A 型、6CCT-48A 型、6CCT-56A 型辉锅机。升级后的这些机型运转平稳、噪声小、耗电少、操作简单，炒制的茶叶色泽翠绿、香味浓醇、条型美观、平扁光滑、完整率高，得到茶农的广泛认可。

现如今茶产业飞速发展，单机已不能满足茶叶生产企业的生产需求。2018 年开始，盛涨茶机开始研发扁形茶加工成套设备。与研发单机不同，扁形茶加工成套设备对技术的要求更高、更精细，从一青、二青、脱毛、辉干、提香等环节实现龙井茶加工的连续自动化，需要将不同功能的机械进行组装，通过电脑板控制各环节机械的工作和运转，如何做到前后环节无缝衔接且故障率最低，是盛锬洪需要破解的难题。他根据手工炒制原理和工艺流程，吸取众多优质茶机的技术基础，总结众多茶农的炒制经验，最终成功研制出流水线成套设备。现在，扁形茶加工成套设备可根据客户需求灵活组合相应扁形茶加工设备，通过茶叶提升机、送料小车、干茶平输机以及电脑控制系统实现单人管理几十台机器，节省了大量人工成本，实现了龙井茶从青叶到成品茶的自动化工艺。

现阶段，正值数字化改革浪潮汹涌时期，作为新时代的弄潮儿，盛锬洪顺应潮流，开始攻克数字化炒茶机的研发，设计了鲜叶适度摊青萎凋机以及全自动辉锅机组等设备，完善茶叶加工工艺精细化与自动化。同时通过485协议通信，实现龙井茶加工不同工艺、不同设备之间的数字化通信，统一显示、统一数据分析，辅助茶叶企业管理、生产、加工。

不断地创造尖端技术，成了盛锬洪的一种精神和追求。在他的带领下，盛涨茶机成绩斐然，取得了12项实用性专利，6项软件著作权和1项国家发明专利，参与制定多项浙江省制造团体标准。现在，说起盛涨茶机，很多茶区都不陌生，是新昌县茶机行业四大巨头之一。

CAMTA

农业机械试验鉴定证书

浙江盛涨机械有限公司：

根据农业农村部《农业机械试验鉴定办法》的规定，你企业生产的下列产品通过农业机械试验鉴定，特发此证。

鉴定类型：推广鉴定
产品名称：茶叶理条机
产品型号：6CL-1680
涵盖型号：无
证书编号：T202133330215
换证日期：/
注册日期：/
有效期至：2026年12月22日
注册地址：新昌县高新园区梅渚工业区前三村

发证机构：浙江省农业机械试验鉴定推广总站
发证日期：2021年12月23日

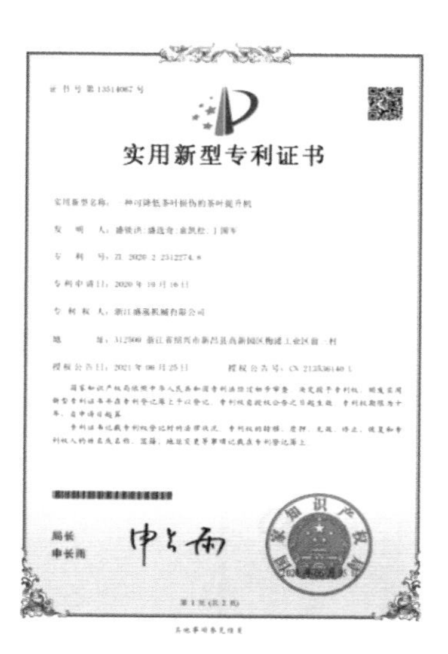

实用新型专利证书

局长
申长雨

一叶清茶品世间，甘为龙井争容颜。这就是他，一个爱茶、懂茶的茶机设计者——盛锬洪。

赵贤国——龙井茶加工从巧手工到数字化的转型

龙井茶，是浙江省名优茶的“金名片”，颜色翠绿色，香味浓厚，甘洌可口，形像雀舌，有“色绿、香郁、味甘、形美”四绝的特性，但是传统加工过程非常复杂，炒制全凭一双手在一口特制铁锅中，不断变换手法炒制而成，炒制手式有抖、搭、搨、捺、甩、抓、推、扣、压、磨，号称“十大手法”，炒制时还要根据鲜叶大小、老嫩程度和锅中茶坯的成型程度不断变化手法。只有掌握了熟练技艺的制茶师，才能炒出色、香、味、形俱佳的龙井茶。而且炒制过程需要全部手工在热锅内操作，劳动强度甚大。

可笔者走进浙江银球机械有限公司客户的数字化龙井茶生产车间，只见一台台智能的炒茶机组合成行，天上地下白色洁净的传送带带着一抹鲜绿忙碌地穿梭其中，只闻茶香，不见茶人，突然让笔者感觉这不是传统意义上的制茶车间，而是食品工业的高度自动化车间。

为此笔者专程去了浙江银球机械有限公司（以下简称银球茶机），采访了赵贤国总经理。

赵贤国的父亲，从20世纪70年代以来就担任乡镇企业新昌县茶机厂的厂长，当时工厂生产浙江省传统绿茶珠茶炒干机的设备，但随

着茶叶从大众茶向名优茶转型的过程，珠茶设备慢慢饱和，这时赵贤国刚从浙江机电职业技术学院机械专业毕业，回新昌后在三花集团工作，看到从小在父亲那里耳濡目染的茶叶机械制造产业慢慢快要无路可走，1997 年他毅然辞去三花集团的技术工作，步入自己研发制造新一代名优茶设备的艰难道路，当时龙井茶炒制在浙江省茶叶产区还是山区农民增收的唯一途径，炒茶方法都以原始手工炒制为主，大多数茶农都是白天采茶，晚上手工炒茶到快天亮，疲劳加上茶锅的高温，手上被烫的起泡是每个炒茶人的常事，第二天天还没亮还要坐车去市场卖茶，非常辛苦，赵贤国看到这些心里萌生了一个念头，能不能仿制一种手工炒茶动作的机械设备，既能实现原来手工炒茶的动作，又卫生、省力、高效，他一边研究学习炒茶方法，一边画图设计机器结构，虽然艰辛，但过得很充实。

经过半年时间研究，他终于制作出一台长板式炒茶机器，可以模仿手工炒茶的来回磨茶动作，送到茶农家中进行了炒茶试验，发现还是有很多细节问题需要解决，这使赵贤国很失落。看来设计一种炒茶机器也不是一件容易的事，因为在一般人的心目中，名优茶的茶机都是简单粗糙的小型原始设备，可就是这个简单的设备，一切都是原创的设计，执行机构和动作实现都没有成熟的设计和设备可以借鉴，不像有些大型设备，看起来很复杂，但大多是仿制国外已有的成熟产品。可要模仿实现“手工十大手法”的龙井茶炒茶机是一种原来根本没有的机器，动作执行机构都要靠凭空想象出来，机构设计往往才是核心，于是赵贤国聘请了专业的机械与电器设计人才，夜以继日地设计改进这款小型炒茶设备。经过几年的努力，终于完成了第二代全新的龙井茶炒制机，这次又拿到茶厂试用，终于得到了茶厂的认可，并且马上就认购了三台。赵贤国终于露出了开心的笑容，为此马上回工厂开了生产会议，开始批量生产这款原来市场上没有的炒茶机，而且从这一年开始，他就与几个技术主管约定，以创新产品的销售额来作为考核奖励的唯一条件，使工厂内部上下联动形成了以科技研发为主线的良好体系，也为后来的银球茶机占领高端客户市场奠定了良好的品质基础。赵贤国认定了以工业设备标准来研发制造生产的理念，慢慢这些小型设备实现了耐用、自动、智能。

2003 年随着茶机产业的市场扩大，赵贤国组建了浙江银球机械有限公司，名字寓意就像中国的乒乓球小球撬动全世界一样，做好一个细分产业，撬动一个行业大市场。他投入了当时先进的激光切割、数控自动折边、自动机械手焊接等自动化生产设备，使茶机设备生产精度达到了自动化机床设备的要求，使他们的茶机产品在细分领域做到了国内领先，先后获得了多次省内外的茶机比赛金奖。正是由于重视科技创新，企业也获得了国家级高新技术企业的荣誉称号，笔者采访中听赵贤国总经理始终有一句话挂在嘴边：“以生产工业自动化设备的要求和理念来生产茶机。”确实，茶机在很多人的印象中，是简单机器

的代表，可在赵贤国的工厂里却看到了从茶机设备制造、控制软件研发、数字化车间网络设备一连串的产品体系，让笔者也是相当惊奇，颠覆了传统的想象，龙井茶加工还可以用这样先进的智能设备来做。

据赵贤国总经理对这个行业的描述，他们这种细分茶机设备行业往往是典型的产品曲线行业，经历了 2005—2010 年的成长期，2011—2015 年的成熟期，2016 年至今的衰退期，逼着企业去研发更新的产品。他们目前就在研发一些基于数字化控制的茶青处理设备，这些设备更可以广泛用于多种茶叶加工，产品销售市场更大。他们通过与中国农业科学院茶叶研究所等专业科研院所的多年技术合作，也翻山越岭跑了这么多年的客户制茶现场，积累了多年茶叶加工的经验，了解了客户的需求，认识到只有不断创新，才能赢得市场的认可。

笔者最后和赵贤国总经理聊到：“那你对这个行业最大的感受是什么？”他回答：“做农机虽然很辛苦，但认识了这么多茶叶加工行业的朋友，对技术出身的他来说，能解决一点客户实实在在的需求，就是最开心的时刻，心中始终有着一片茶，一份爱，茶香永存……”

第五章

茶艺篇

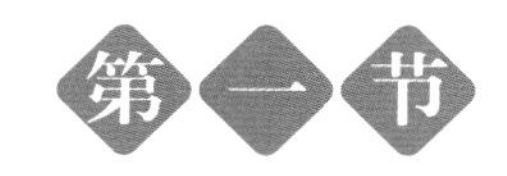

第一节 吴玉梅——“90”后奋力书写共富新篇章

吴玉梅，“梅苑”茶工作室、新昌县曼茶居茶业有限公司创始人，国家一级高级茶艺技师、二级评茶师、全国职业技能鉴定质量督导员、中国茶叶学会专业技能水平评价员。先后被授予浙江省技术能手、浙江工匠、浙江省巾帼建功标兵、绍兴市突出贡献高技能人才、绍兴市领雁人才等称号。

2021年浙江工匠名单出炉，吴玉梅作为最年轻的入选者吸引了大家的关注。瓜子小脸、纤瘦身材，一袭飘逸的中式衣衫，说起话来糯糯软软，说起她的故事，处处洋溢着茶香。

与茶结缘，返乡传承家乡文化

吴玉梅的老家在新昌县小将镇，那里盛产好茶，茶产业是大家最信赖的致富产业，村子里几乎人人种茶、制茶。吴玉梅家里有一大片茶山，父亲是一个地地道道的茶农，炒得一手好茶。但那时她从未想过，自己以后的职业会与茶有关。

吴玉梅小时候的梦想是成为一名优秀的戏曲演员，为了追逐梦想她不顾父母的反对离开了家乡，赴嵊州越剧艺术学校学习。毕业后顺利进入乐清越剧团，作为一名花旦，祝英台、林黛玉都是她擅长的角色，老师们都夸她有天赋，谁知道舞台梦才刚起步，就因为意外中断了。因长时间的浓重油彩，吴玉梅面部皮肤严重过敏，久治不愈。对于一名越剧演员来说，这是致命的打击，吴玉梅只有一种选择：被迫放弃多年奋斗的戏曲舞台。

被迫转行的吴玉梅，拿着一张中专文凭回到家乡，着实迷茫了。那时的吴玉梅不知道，家门口那片从小喝到大的“大佛龙井”，会让她收获新的人生。

与茶相恋，匠心钻研成绩斐然

2012 年，吴玉梅回到家乡，开始漫无目的地择业。此时，恰逢新昌县人力资源和社会保障局与浙江广播电视大学新昌学院联合推出首期初级茶艺师培训。电大老师对吴玉梅说：“你的气质适合学这门本事，可以去试试。”于是，吴玉梅便报名参加了茶艺师培训班，开始系统学习茶叶知识。

培训班的第一堂课，吴玉梅就被老师妙手翻飞间的自信与优雅深深打动了，原来泡茶可以这么美好，随着对茶的历史、产地、工艺等知识的深入学习，吴玉梅像是踏进了一个全新的世界，每一项内容都让她着迷，她决心要学好这门茶

与艺相结合的技术。吴玉梅学得十分用心，也如愿掌握了温杯、醒茶、冲泡等一系列泡茶步骤，同时因为学过戏曲，动作也格外柔美温婉，深受大家好评。

从茶艺师培训班结业后，吴玉梅去到一家小有名气的茶馆工作学习。因为她的专业知识与认真的工作态度，很快便荣升为店长。在茶馆工作的这段时间里吴玉梅将理论知识转换为实战经验，并与各行各业的茶友交流学习、相互探讨，了解不同人群的饮茶习惯、口感喜好。她说："同样泡一杯茶，根据原料老嫩程度的不同，工艺的不同，我们的茶水比例、水温、时间等就要调整；同一杯茶，若是给不同性别、不同年龄的客人喝，冲泡技巧也要灵活改变。看茶泡茶，看人泡茶这是需要我们去不断练习并掌握的。"吴玉梅不断学习实践，练就了一手好茶艺，更根据当地特色，推出了别具一格的茶会雅集活动，把书法、根雕、陶艺、茶道融合在一起，该茶馆被评为浙江省优秀文化实践茶馆。

2016 年，吴玉梅开始登上竞技的舞台。2016 年 5 月，"望海茶杯"第三届浙江省茶艺师职业技能竞赛在宁海县举行，吴玉梅通过层层选拔，代表新昌县参加这次全省的茶艺技能竞赛。吴玉梅第一次参加全省性的竞赛，她在老师的指导下，将她从小打下的戏台艺技和茶艺表演完美融合在一起。赛场上，吴玉梅唱着家乡越剧缓缓步入赛场，温杯、摇香、冲泡妙手翻飞，用曼妙娴熟的茶艺与柔和婉约的解说，展示"大佛龙井"的特性，惊艳全场，并最终获得第一名。同年 9 月，她又参加了第三届全国茶艺职业技能竞赛，并以傲人的成绩斩获银奖，是专业比赛中难得的 90 后茶艺新星。

有遗憾，才有完美。谈及这次比赛经历，她感慨道："备赛的半年时间里，在高强度的学习节奏下，我在各方面都有了很大的提升。"获得银奖让她留有些许遗憾，但也正是这份遗憾，让她未满足现状，始终保持一份好学之心。参赛获奖后，吴玉梅更加虚心学习，到中国农业科学院茶叶研究所、浙江大学等教学科研机构求学，从茶叶种植加工到审评冲泡，再到茶产业经营管理与茶文化创新等课程，吴玉梅不断提高茶技能，并以中茶所第五届茶艺师资班第一名的优秀成绩毕业。

以茶为媒，传承多元素茶文化

2017年年底，吴玉梅在新昌县农业农村局等部门的支持下成立了专业的茶文化培训机构“梅苑”茶工作室。开设习茶课程，把自己的技艺毫无保留的传授给每个学员，并参与农村“双创活动”“茶文化四进活动”，将她积累的茶专业知识送到机关、企业、校园、社区等，让各行各业的工作人员以及在校的学生们都有机会体验中国传统茶文化。她积极承担新昌县农村实用人才培训、茶艺师培训，评茶员培训、乡村人才培训等工作，培养家乡茶专业人才，共同推广家乡茶。“梅苑”茶工作室自成立以来，在绍兴、上虞、嵊州、嘉兴、丽水等地进行合作办学开展培训，目前已经培训了茶艺师、评茶学员近 7 000 名。

吴玉梅积极投身茶文化传播工作，自 2017 年至今，先后被聘为浙江省首批乡村振兴实践指导师、浙江开放大学特聘讲师、绍兴市越茶职业技能培训学校特聘茶艺讲师、绍兴市上虞区人杰职业技能培训学校特聘茶艺讲师、嘉兴市尚进职业技能学校特聘茶艺讲师、嵊州市创远职业技能学校特聘茶艺讲师、新昌县澄潭镇中心学校茶艺讲师、浙江广播电视大学新昌学院特聘教师，在全国各地积极参与茶文化的传播。

2020 年，在新昌县农业农村局的指导与支持下，吴玉梅与吴红云、袁月等八人共同发起并成立了新昌县农创客发展联合会，吴玉梅担任副秘书长，多次组织农创客产品市集活动，在农博会、丰收节、夜市等活动和农创优品直播间里，线上线下齐发力，更好地展示、推介家乡好物，推广新昌县名茶。

吴玉梅用学到的茶专业知识自创自演“天姥茶情”“诗路茗香”“且饮一盏越州茶”“美美与共和而不同”等茶艺表演。近三年来，吴玉梅到全国各地举办的茶博会上参与推介“大佛龙井”品牌宣传活动 20 余次，深受各地茶界的喜爱，也得到各级茶专家的一致好评。

以茶为友，带徒授艺促发展

2021 年，吴玉梅获评“浙江工匠”，更感责任之重大，在传播传承

茶文化的同时，也在不断地带徒授艺。带领学员参加市级、省级以及全国的专业茶艺师、评茶员比赛，取得了骄人的成绩，并先后培养了浙江省青年工匠 3 名、浙江省技术能手 2 名、浙江省金蓝领 1 名、绍兴市技术能手 5 名。

2021 年年底，吴玉梅茶艺技能大师工作室被认定为第一批新昌县技能大师工作室，积极开展以师带徒、技术研修、技术技能创新等工作，与浙江开放大学新昌学院吕美萍老师共同完成浙江省教育厅“能者为师”特色课程录制 20 讲。积极参与乡村振兴之乡村人才培训教材的编写及“龙井茶自动化机械加工技术规程”起草工作，并与新昌县澄潭茶厂一起研发“玫瑰红茶新产品的试制与示范”项目。由吴玉梅编导创作的农民教育培训情景剧“浙里共富裕”，多次参加全省性大型活动，深受各界好评。

虽已习茶多年，但吴玉梅仍然不断学习，并将戏曲文化融入茶文化中，爱岗敬业、带徒传艺、匠心传承，肩负起传承中华传统文化的光荣使命。

蔡瑜——留白，让她的人生更精彩

留白，意喻留一点空白，不要让生命失去本色。清风雅趣、笃静平和、豁达高远，自让生命焕发出色彩。所谓能者，留物；智者，惜物；慧者，留白。

浙江省新昌县这家以“留白”命名的茶空间，便是创始人蔡瑜于2019年一手创办。

蔡瑜，新昌县首位国家一级茶艺师高级技师、全国技能能手、中国茶叶学会专业技术水平评价员、全国职业技能鉴定质量督导员、浙江省技能人才评价高级考评员、浙江省首席技师、浙江省技术能手、浙江省青年岗位能手，是浙江省五一劳动奖章和浙江省“巾帼建功”标兵荣誉称号获得者，为绍兴市“名士之乡”特支计划高技能拔尖人才、绍兴市工匠、首届“新昌工匠”、新昌县优秀“薪农人”、新昌县茶文化研究会第二届理事会理事，同时为民盟新昌县基层委员会盟员、新昌县新联会会员、新昌县科普志愿讲师团成员等。2021年，蔡瑜创建的“留白”茶空间获得绍兴市蔡瑜茶艺大师工作室命名。

曾几何时，蔡瑜从出道到立业，却是挥洒了无数的汗水，经历了不一样的拼搏历程。

蔡瑜出生在新昌县“大佛龙井”故事传说之地的大佛寺村，少年时代在开门见山、万绿丛丛的茶园中长大。2000年，她刚满14岁，就进入新昌越剧艺术学校学习越剧，时逢新昌县人民政府组建茶艺队，来校挑选具有较好舞台表演基础的人，蔡瑜有幸成为其中的一员。

由于数年随着新昌县人民政府茶艺队到上海、济南、北京、银川、深圳、西安等多地参加茶艺表演，宣传推广新昌县茶叶，蔡瑜既陪伴着“大佛龙井”一起成长，又大大拓展了视野、阅历并提升了能力。这使她之后无论专业资格晋级，参赛频获大奖，还是以茶为媒，精工致善，自主创业，都是步步取得佳绩，不断迎来新的进步。

2008年，蔡瑜考取国家茶艺师职业资格证书，同年，参加由新昌县劳动和社会保障局、新昌县风景旅游管理局举办的“天然居”杯茶艺师职业技能大赛，获得第一名。2011年，她参加浙江省“松阳银猴”杯茶艺师职业技能竞赛，获得国家职业资格茶艺师三级等级证书。2013年5月，她参加浙江省“大佛龙井”杯茶艺师职业技能竞赛，获得第一名。同年10月，在“武阳春雨”杯茶艺师职业技能竞赛暨全国职业技能大赛中，蔡瑜获得个人赛“最佳茶艺师金奖”。也正是在这一年，她晋升为国家一级茶艺师。

蔡瑜能在全国大赛中拔得头筹，自然少不了一步一步脚踏实地的努力。精心打造的茶艺表演节目“佛缘天香”，把新昌县作为唐诗之路、佛教之旅、茶道之源，同时又是越剧的故乡等历史文化元素和舞台表演艺术结合得恰到好处，并且丝丝紧扣新昌县人民政府提升传统农业，打造主导产业，主抓“大佛龙井”的主题。柔美娴熟的茶艺，悠扬和美的解说，将“大佛龙井”的本色、馨香、真味、性状等充分演绎，这些来自蔡瑜舞台表演经验的长期积累，最关键的是新昌县的名茶产业政策和政府部门的重视，成就了“大佛龙井”，也成就了茶艺师个人的成功。

如何立足新昌县，贴近实际，传播茶文化，把美好的茶艺分享给大家？蔡瑜从2011年起，在新昌社区学院、新昌技师学院等学校担任茶艺老师，并尽可能抽身到乡镇各地开展茶艺授课。因为意识到茶艺表演既是一种美的展示，又是茶产业链中助力茶品质提升，传播茶文化重要的一环，蔡瑜不但专门拜师学习古琴演奏，精进俏丽多变、动之以情的越剧表演艺术，而且先后多次专程到松阳、福建、广西等茶园基地习人之长，观摩取经。2018年，为进一步提升专业理论知识和综合业务能力，她报名参加中国农业科学院茶叶研究所举办的第四届茶艺师资培训班，顺利结业并取得“优秀学员”的好成绩。

无疑，蔡瑜2019年创办“留白”茶空间，随后被确认为绍兴市蔡瑜茶艺大师工作室，不仅在于“留白”两字意蕴深长，充满满满的正能量，主要在于“留白”茶空间被不断打造成了一个对饮成趣、众品得慧、茶艺茶道和茶文化展示的才艺平台和窗口。

因为茶以中和为最高境界，正像裴汶《茶述》中所说：“其性精清，其味淡洁，其用涤烦，其功致和”，又像刘贞亮概括茶之十德中所谓：“以茶利礼仁，以茶表敬意，以茶可行道，以茶可雅志”，蔡瑜无论缘茶会友，以茶传心，还是举行茶会雅集，在悠扬声声的乐曲中，人人皆真诚参与，待客茶艺从来不违和、不夸张、不做作，总给人留下一种自由的舒展与遐想。这里无论授课、传艺、习茶、爱茶，总是首先追求选茗、择水、烹茶技术、茶具技术、环境气氛的心领神会及其内容形式相统一，在渲染茶性清纯、幽雅、高朴的气质中以极强的艺术感染力带给名茶名品无限的空间张力和生命魅力。只要迈进“留白”茶空间，人人内心都会无比看重和遵守“性似好茶常自养，交如泉水久弥亲”。

中国是茶叶消费大国，茶为国饮，怎样让我们的下一代懂茶又爱茶，这既是国家产业导向和文化倡导，更是茶艺界茶艺师们应自觉担当的一项社会责任和职责。现在，蔡瑜面向学校开展茶艺讲解和茶文化授课，既在绍兴市蔡瑜茶艺大师工作室开设少儿茶艺习茶班，又在南明小学的明馨茶艺社团担任茶艺授课老师，除原有几所学校外，还将课堂设到新昌蓝天幼儿园、新昌幼儿园、新昌城东实验幼儿园等，范围不断扩大；课程内容设计比以往细化很多。从要求了解煮水壶、公道杯，具备习茶好奇心，到赏茶、温杯、冲泡等用途，无不通过茶叶在杯中翩翩起舞的美好呈现让孩子们入脑入心。无论小茶人学制茶，还是学泡茶，结合写茶诗、吟茶词，每堂课上的亲子实践都寓教于乐、生动有趣。

立足新的时代，助力社会经济发展，蔡瑜始终觉得需要更多地面向成年人。不论面对千千万万茶农茶人，还是面对培养学生；抑或新昌县打造“大佛龙井”“天姥红茶”“高山云雾”“一体两翼”金品牌，“力争产值超百亿，争创龙井第一县”；在促进乡村振兴和三产发展走向深度融合中，自己千万不能缺席；助力共同富裕，实现精神富有，推动绿色社会转型，人民有品质地生活，作为浙江省首席茶技师，强化职业技能评价，优化艺术操作手段，探索茶艺特色技法，在参与茶叶专业知识的普惠普及中，自己同样不可掉队。2019—2022年，蔡瑜不但积极参加中国农业科学院茶叶研究所举办的“茶与器”高级研修班、红茶品质评鉴研修班，深入进修少儿茶艺培训能力和点茶技艺研修班等教程；而且认真接受和完成县委县政府交给自己的一系列工作任务，努力配合和拓展乡镇街道茶文化的普及提高；方方面面都收获了高分。

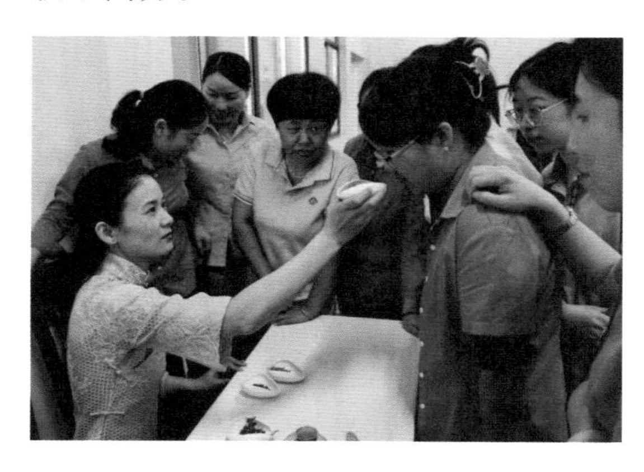

2019 年，蔡瑜随新昌县商务局、招商局、文化广电旅游局、农村商业银行前后三期到杭州、上海、深圳等地专题开展新昌“一体两翼”名茶特产促销推广，她礼敬知人、优雅沏茶、动情说茶等娴熟操作，让新昌茶叶的名贵度、知名度、珍稀度、多功能等得到了空前宣传，赢得各级领导和外地茶人的高度评价。

2020—2021 年，面临新冠肺炎疫情高发，县政府决定开通网上宣传，蔡瑜与多位县领导一起，开通抖音社交平台，频频亮相，使新昌名茶和新昌旅游推介宣传没有因疫情影响而中断。期间，新昌县融媒体中心制作的首部茶主题音乐微剧“茶恋”，蔡瑜以女主角高光亮相，云雾高山茶歌袅袅，青春靓丽神采奕奕，更是在网上获得好评。

2020—2022 年，蔡瑜以茶艺导师的身份，带领新昌县二支学员团队参加绍兴市职业技能茶艺师比赛，团队选手分别获得二等奖、两名学员获得“风采之星”“创意之星”的好成绩。同期，结合中共新昌县委老干部局主办“唱党歌、念党恩，东山革命老区采风行”活动，蔡瑜应邀以茶文化代表人身份在活动中以古琴伴奏无限深情，以盏盏清茶向党表恩，茶艺茶道首次尝试与红色主题教育相结合，无不令在场人员深受感染，留下了深刻印象。

2022 年是县委县政府部署争创浙江省共同富裕示范区——新昌标杆县的关键一年，也是新昌创建国家级文明城市的关键一年。4 月，

蔡瑜与中国移动新昌分公司工会联合开展“茶艺飘香，品味人生”茶艺培训；5月，她又与沃洲镇人民政府一起举办“茶让生活更美好”茶艺茶道主题培训；还与有关各方一起共同策划举办了“品茗雅集，共话安山”安山古道茶旅融合主题活动等。她一如既往自觉主动，担当作为，行动还是一个接着又一个。

正像蔡瑜所说：“我从小与茶结缘，因茶获奖，以茶传道，缘茶会友，在这块小小的沃土上耕耘，虽已收获良多，但这依然不是终点。匠心铸魂，不忘初心，行稳致远，打造‘留白’茶空间品牌，故事演绎还得继续。”

第六章

情怀篇

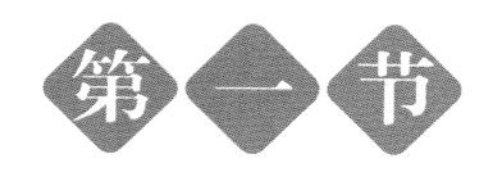

第一节 茶人的情怀——新昌茶业发展历程中的人物纪实

茶，是有品格的。不管生长的土地贫瘠或肥沃，经受的气候优越或恶劣，它们总能扎根生长，向上向下，终究长成一片绿，结出一段香，凝成一缕韵。茶，亦是有坚持的。若为天朝上国的贡品，便在高贵中不忘澄明；若为贩夫走卒的饮品，便于质朴中求得高贵。境遇怎样变，不变的总是纯然初心。茶的品格，茶的坚持，润泽了爱茶人清雅的心灵，也造就了茶人的情怀。

我（序作者——陈霞，下同）和茶的缘分，是在1998年3月我调任新昌县农业局局长时开始的。虽然我在农村经历过知青生活、担任过乡镇干部，但对农业生产技术全然就是一个门外汉。为了尽快适应工作岗位，我经常和农业技术专家下基层了解种植业、养殖业、农业经济、农业机械等情况，也经常同茶叶专家一起跑茶园、爬茶山，了解茶的品种、栽培、加工、分类、品鉴和冲泡等许多关于茶的知识，慢慢地喜欢上了茶。2005年1月我调到新昌县政协担任农业农村工作专业委员会主任，兼任新昌县茶文化研究会副会长和秘书长，一直和茶结缘。2008年1月，因工作需要，我被委派到中国茶市负责茶市日常管理工作，直接与茶农和茶商打交道，一干就是整整11个年头。2019年6月到新昌县名茶协会担任了常务副会长兼秘书长，经常和茶专家、茶企业家接触，学到了更多的茶知识。

整整25年，我学茶、识茶、惜茶，与茶结缘。体会了茶叶专业人员对茶科技孜孜追求的执着；目睹了茶农起早摸黑采茶、炒茶、卖茶的艰辛和数着卖茶得来钱后的喜悦；看到了茶商起早收茶、筛茶的艰苦和每天忙碌打包寄运到销区客户的兴奋；更是亲身感受到了茶产业的发展给茶农带来了真正的收益。这段经历丰富了我的茶人生，也见证了我们新昌县茶产业的发展历程。2010年我被评为县级优秀共产党员、2014 年获得“中国茶业行业十大年度经济人物”荣誉。

我已有 66 周岁了，很多人都觉得应该歇下来，安度晚年，享受天伦之乐；也有人不理解，都这个年纪了，还这样忙忙碌碌的，为了啥呀？岂不知，一旦和茶结上缘，那是一种如痴如醉的情结，那是一种割舍不掉的情怀。如果说“致青春”是当下比较时尚的词汇的话，那么“致一物”就是我最深情的表白。因为在与茶结缘的岁月里，茶的清香，让我淡泊明志，茶的雅韵，让我品尽人生如茶沉浮的百般滋味。如果能够明白：人生从来都没有过不去的坎，如果真有，那就绕过去。或许不会再如此焦虑。细想过去，那些曾以为天大的事情，到如今看来不过是小事一桩，云淡风轻，只是当时年少气盛，涉世未深。人生如茶，沉时坦然，浮时淡然，拿得起也需要放得下；生活如茶，短暂的沸腾过后，便是细水长流，即使再轰轰烈烈，已抵不过最后的沉寂。

在此，我叙述与茶的情怀，更是要叙述我与茶结缘的过程中，那些对新昌县茶产业发展做出贡献的人和事。

我们知道，中国产茶的地方很多，出名茶的地方却很少，出名茶也很难，“西湖龙井”“碧螺春”和许多名茶都有几百年历史。而新昌县——一个名不见经传的山区县，在改革开放的历程中，仅在 20 多年的时间里，硬是把“大佛龙井”做出了名，获得国际金奖超过 30 个。新昌县茶园 15.3 万亩，产业链总产值已达到 92 亿元，成为茶界的“黑马”，被全国茶界人士、专家和学者将这种现象称为“新昌模式”。

“新昌模式”的成功之道——是五个“领先一步”。即：领先一步“圆改扁”产业转型；领先一步创建市场解决销售难；领先一步注册商标创立品牌；领先一步“四两拨千斤”政府主导；领先一步“三产融合”打造茶叶全产业链。那么“新昌模式”的成功之路——是“五个一”。即：有一支前赴后继的科技队伍；有一帮与茶结缘的茶团队；有一批不折不挠的茶叶企业家；有一个重视茶产业发展的党委政府；有一群爱茶的茶文化传播者。

茶科技，推进茶产业成功转型

新昌县是浙江省东部的一个山区县，有“八山半水分半田”之称，总面积不过1 200平方千米，是浙江省茶叶的主产区之一，曾是国内出口“珠茶”的生产基地。20世纪80年代中期茶叶市场开始放开，传统的“珠茶”销路不畅，原来“只管种，不管卖”的茶农陷入了“卖茶难”的困境。新昌县委、县政府及时提出了调整结构“圆改扁”的战略性举措，由专业技术人员牵头，有组织有计划安排能手，培训茶农掌握炒制龙井茶的技艺。在这些示范点制作出来的茶叶，被国家茶叶监督检测中心评为浙江省龙井茶的极品。此后，农业部门的茶叶技术人员全力以赴在全县全面铺开了“圆改扁”的培训，先后举办培训班500多期，培训了5万多人，形成了一支有10万多人的“圆改扁”生产、采摘、制作队伍。新昌县总人口约43万，其中有18万人从事茶叶及相关产业。当全国茶产业的战略转型刚开始起步时，新昌县已完成了人员培训和茶园改造的关键一步，使茶农、茶园成了为“大佛龙井”崛起而储备的战略性资源，为“大佛龙井”的发展奠定了基础。

新昌县茶产业的迅速发展，使茶区变富了，茶农收入大幅增加，“大佛龙井”也成为新昌县的一张“金名片”。在这过程中，新昌县农业部门的一支茶业科技队伍对茶叶技术孜孜不倦的探索，茶科技人员一批退休又一批批接上，使新昌县名茶科技始终处于茶产业发展的领先水平，他们在新昌县茶产业的发展过程中起到了关键性的推进作用。

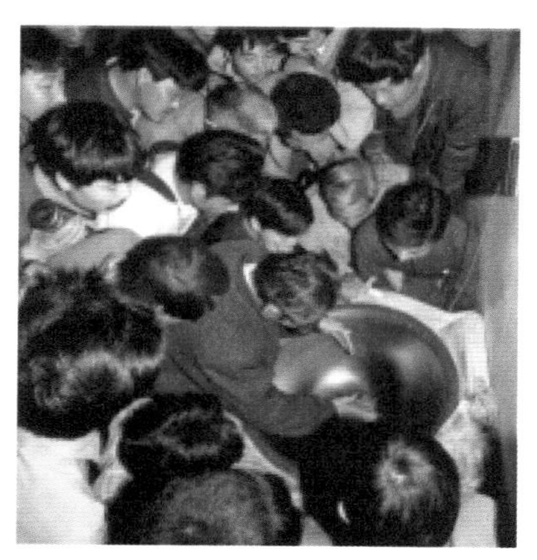

（图为原茶叶科技人员史庭智培训龙井炒制技术）

程兆敏、凌光汉、史庭智和徐林波都是新昌县农业局最早的茶业科技工作者。凌光汉与程兆敏是新中国第一批培养的茶科技人员，20 世纪 50 年代初就来到新昌县从事茶业科技推广工作，他们也是茶产业转型的重要参与者和建设者。

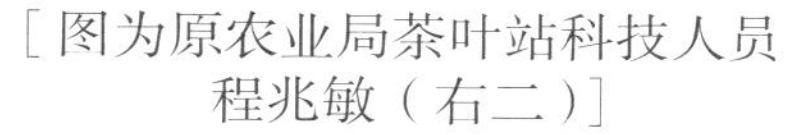

［图为原农业局茶叶站科技人员程兆敏（右二）］

［图为原农业局茶叶站科技人员凌光汉（右一）、徐林波（右二）］

第二批茶科技人员，都是 60 后科班毕业的，他们专业性强，工作认真负责，在新昌县茶产业转型、提升的关键阶段起到了重要作用。

孙利育，原新昌县农业局茶叶站站长，农业技术推广研究员，全国农村优秀人才，浙江省人大代表，2020 年被评为全国茶产业发展领域“杰出中华茶人”。自 1982 年浙江农业大学（现为浙江大学）茶叶系毕业后，已在新昌县茶叶站工作了 40 年，经历了新昌县茶产业崛起的全过程。“一片叶，一生情”是她对新昌县茶产业奉献的真实写照。

（图为茶叶站研究员孙利育）

［图为现任新昌县茶叶站站长、高级农艺师周竹定（左一）］

周竹定，1992年毕业于浙江农业大学（现浙江大学）茶学系，现任新昌县茶叶站站长，高级农艺师。话语不多，但做事细致。记得2000年浙江省农业厅经济特产管理局在新昌县西山茶叶良种场创办了浙江省茶树良种示范场，示范场面积要从原先不到200亩的茶园扩大到800亩以上，我与周站长一起到西山茶场具体负责山地征用、良种引进的工作，在与农民协商征用山地的工作中，其中的艰难和辛苦真的是无法描述。整整十个月，他每天早上六点多就起身前往西山村，挨家挨户了解详细情况，做思想工作；在茶山，他和茶叶站科技人员一起现场指导茶树种植、茶园施肥以及病虫害防治等，每天下班回到家已是天黑灯亮，为顺利建成浙江省茶树良种示范场付出了辛勤汗水。2015年6月担任茶叶站站长以后，带领茶叶站的技术人员积极争取实施茶叶科技项目12个，发表科技论文23篇，荣获浙江省农业科技成果转化推广奖等8项。特别是近两年他把主要精力倾注在“新昌县乡村振兴产业发展示范建设项目”“新昌县茶产业创新服务综合体建设”省级项目实施，为新昌县茶业数字赋能、创新服务发挥了积极的作用！

（图为王士钢和专家一起评审“大佛龙井”茶）

茶叶站还有一位高级农艺师王士钢，也是一位默默无闻的科技工作者，做事踏实，专业技能水平高，特别是新昌县高端“天姥红茶”的研制和开发，他付出了很多心血，每到红茶生产季节，他的身影就会穿梭在各茶叶企业的炒制车间，亲临一线培训指导。为了研制出新昌县高端优质的“天姥红茶”，他吃住在新昌县海拔 700 米以上的雪溪茶山，从品种试验、青叶采摘、摊青萎凋、揉捻发酵、手工烘烤等各道工艺都是他亲自掌舵。雪溪茶业生产的“雪里红”“天姥红茶”荣获 2019 年世界红茶产品质量大金奖。

茶业科技人员青出于蓝而胜于蓝，陆续入职的在职人员还有黄琳、陈小媛、胡双、白家赫、袁海艳等，他们不但年轻有为，文化素质也较高，呈现后继有人。

就是这样一支前赴后继的科技队伍，每年几十期的给茶农技术培训，使茶农的技能素质不断提升，全县茶农受过正规培训的累计 4 万多人次，其中获得制茶工国家职业资格证书的 2 000 多名，已形成了一支既会种茶又会加工并具有一定的茶技知识 10 万人的茶农大军，为新昌县茶业的进一步发展，创造了良好的条件。

茶团队，推动茶产业持续发展

在新昌县茶产业发展的过程中，除了上面我提到的茶科技队伍外，新昌县还有一个对茶叶情怀浓厚的大团队，他们在默默无闻地为新昌县茶产业做出贡献。

首先要提的是多年为新昌县茶产业默默奉献的新昌县政协原副主席袁振华，他从 2007 年开始担任新昌县名茶协会会长和新昌县茶文化研究会会长。16 年来，他勇于负责，敢于担当，与省内外的部门、专家对接，他不辞辛苦，奔走联络；哪家茶企有困难有问题需要他出面解决，他不厌其烦，积极协调；凡是茶商有实际难题需要他帮忙，他不推不拖，热心帮助；尤其是 2007 年下半年浙东名茶市场搬迁到中国茶市期间，他不负重望，针对搬迁中的难点难题，有谋有略做好政策落实工作，有些茶商对搬迁存在顾虑，他耐心细致做好茶商的思想工作。

在他担任名茶协会会长期间，配合做好浙江省两届十大名茶的评比活动，获得圆满成功；主持“大佛”驰名商标的申报工作，于 2011 年 5 月被国家工商总局行政认定为驰名商标，这是浙江省龙井茶类唯一获

得行政认定的中国驰名商标；参与编写《新昌茶经》，主持编辑《“大佛龙井”画册》，支持《天姥茶话》上下集的发行工作；举办“中国科学饮茶、七彩人生茶文化进社区”活动，宣传“科学饮茶”；组织开展茶文化进校区活动，多次到南岩小学、南明小学举办“茶文化诗歌朗诵会、茶知识普及”等活动；会同人力资源和社会保障局、农业局、职业技术学校等单位开展茶艺培训。2017 年 10 月袁振华当选为中国茶叶流通协会理事。新昌县名茶协会多次被浙江省茶叶产业协会评为行业工作先进单位。省内外茶界一提到新昌县以及新昌县茶界的老少茶人，凡说起袁振华，都会竖起大拇指对他赞叹不已！都称他是新昌县茶团队的“大队长”！

在新昌县茶界，有这么一个人，他给人们留下了深刻印象，但从不出现在茶业的领奖台上，也从来没有他的事迹报道。他就是一直默默无闻耕耘在新昌县茶产业事业中的幕后奉献者——吕文君。

吕文君，新昌县农技推广中心研究员，1983 年毕业于浙江农业大学（现浙江大学）园艺系蔬菜专业，在新昌县农业局经济特产站工作，曾任特产站、蔬菜站站长。1999 年因工作需要，他兼任县农业招展办公室副主任，专门负责农产品的展示展销。茶叶是新昌县的主导产业，每年都会参加全国各大城市的茶博会、茶展会。23 年来，全国各类茶博会都有吕文君忙碌的身影，会前组织展示茶产品，会中安排各种“大佛龙井”品牌的推广活动，他都是亲力亲为，忙前忙后，把每次展示展销会和每场品牌推广活动办得有声有色。众人调侃他说：“你这是不务正业哦！”因为吕文君在大学里学的不是茶学专业，也不是市场营销专业，但他为提升“大佛龙井”的品牌影响力作出了不可磨灭的贡献！2006 年，瑞典哥德堡号首访中国，抵达广州，“大佛龙井”成

为广州"哥德堡号百年享宴"的指定用茶；此外还有杭州西湖博览会、老舍茶馆的"大佛龙井"献劳模、邀请京城老字号茶庄老板聚新昌等营销活动，每场都有吕文君的心血和辛勤付出。

新昌县第一届"大佛龙井"茶文化节在1996年举办，2009年后每年举办一次，到今年已连续举办了16届。每一届的茶文化节吕文君都是主要策划者。每一年的文化节要有新的创意，每一场的活动都要对茶产业有助推作用，从文化节的主题活动到邀请全国茶界领导、专家、重点茶叶企业等，吕文君都是细心策划。每年茶文化节的前一个月，吕文君总是在办公室废寝忘食、通宵达旦，他为每一届的茶文化节成功举办起到积极的作用。吕文君也多次被评为中国茶叶流通协会先进个人。

在新昌县的茶团队中，有很多值得赞赏的人。除了有茶科技工作者、名茶协会的副会长、茶企单位以外，还有历届农业局分管茶叶的副局长陈玉祥、许仲明、章俊等，还有新昌县名茶协会原秘书长赵玉汀、一直在为弘扬茶文化不懈努力的《新昌茶经》主编徐跃龙、浙江广播电视大学新昌学院院长吕美萍、新昌县南明小学校长杨晓琳、新昌县文化馆副馆长潘玉等，因篇幅有限不能一一记述。

［图为茶团队参加第10届中国（青岛）国际茶产业博览会暨2021浙江绿茶博览会］

茶企业，带动茶产业良性发展

新昌县产茶遍及全县12个乡镇街道，2021年茶园面积达到15.3万亩，产量 5 858.66 吨，产值 13.23 亿元，茶叶全产业链产值达到 92 亿元。全县拥有茶叶企业 140 多家，经营户 613 家，大多以生产经营龙井茶为主。有省级龙头茶叶企业 2 家，市级龙头茶叶企业 5 家。

是他们走在前列，领头创建了“大佛龙井”品牌；是他们坚持品质，为“‘大佛龙井’品牌金名片”夯实了基础；是他们规范标准，有力带动了新昌县茶产业的良性发展。

茶县长，助力茶产业持续发展

新昌县从“产茶大县”到“名茶之乡”，再迈进“名茶强县”行列。这是历届人民政府都把茶产业作为农业工作的重中之重。从免费培训、兴办市场、无性系茶树改良补贴，到品牌推广、茶事活动……在“大佛龙井”发展的每一个关键时刻，都能看到县政府挺身而出的身影。

农民日报曾有一篇“四个县长”接力“一片绿叶”专题报道，即钱忠鑫的“调整篇”、程晓帆的“科技红”、徐良平的“品牌账”、柴理明的“资本论”，除了历届县委县政府高度重视茶产业发展外，新昌县四个分管副县长薪火相传，功不可没。四个县长犹如四个接力队员，为了同一片叶子，贡献着自己的智慧和汗水。对新昌县茶业做出卓越的贡献，人们都称为“茶叶县长”。

（图为原任新昌县人民政府副县长钱忠鑫到县茶树良种场调研茶树品种改良）

（图为原任新昌县人民政府常务副县长程晓帆与全国劳动模范石梦千探讨生态茶园管理）

（图为原任新昌县人民政府常务副县长徐良平陪同北京老舍茶馆董事长尹智君到长诏茶场考察）

（图为原任新昌县人民政府常务副县长柴理明主持全国首个绿茶价格指数发布会）

（图为 2015 年 4 月“天姥论茶”新昌现象研讨会在新昌县举行）

目前，“大佛龙井”已获各种国际金奖 30 多次，并在全国 20 多个省（区、市）开设了 400 多个直销店和专柜，新昌县也成为声名远播的“中国名茶之乡”。这是全体新昌人民的骄傲，也是历届县委县政府的心血和结晶。在茶产业发展的每一个关键时期，新昌县几乎都出台新政策，启迪思路，引领发展，被业界誉为“中国茶业发展的风向标”。

茶文化，促进“三茶融合”发展

“茶产业发展将出现两大趋势，一方面是分工分业，另一方面则是三茶融合发展。”这是县委县政府对新昌县茶产业发展提出的新思路。

新昌县被誉为“中国名茶之乡”，茶叶产业基础比较扎实，不仅规模大，而且品牌响。茶叶加工、茶机生产、茶叶包装设计等在内的第二产业高度发达。新昌县又是旅游大县，“江南第一大佛”每年吸引着多达百万游客前来观光。这就为新昌县茶业从一产、二产向三产延伸，为茶文化、茶产业、茶科技“三茶融合”发展创造了有利条件。

在“三茶融合”发展阶段，新昌县有一群爱茶的茶文化传播者，在促进“三茶融合”发展中发挥着积极的促进作用。在《新昌茶人专辑》中，我们记述了蔡瑜、吴玉梅、周亚枢三位茶艺师的事迹。这里我要讲述的是另一位年轻的高级茶艺师吴莲莲。

吴莲莲，1996年出生，高级茶艺师，新昌县白云文化艺术村有限公司副总经理。2018年以来，她先后获得全国茶艺师技能大赛个人赛银奖、浙江省“西施美人杯”茶艺师职业技能大赛第一名，获得浙江省高技能人才、浙江省技术能手等6项市级以上荣誉。近年来，针对社会上大部分人采用杯泡方法茶汤苦涩味重的问题，她带领白云茶艺师团队对“大佛龙井”“天姥云雾”和“天姥红茶”采用茶水分离泡法，制定提出科学的泡法和三要素参数（时间、茶水比、温度），并大力倡导推广。同时，针对饮茶方式的多样化需求，带领团队研发了新茶饮。通过调饮、冷泡、冰泡等方式吸引更多年轻人加入饮茶行列，迎合了年轻人追求新颖、新鲜、健康的饮茶方式。并多次在中国国际茶博会等展示展销活动上进行演示，推广新昌县“大佛龙井”品牌及科学的泡茶、饮茶方法，有效扩大了“大佛龙井”品牌影响力。她还利用白云书院的平台，走进机关、企业、乡村和学校，对广大茶叶爱好者传授茶叶科普知识，宣传“茶为国饮，科学饮茶，健康生活”的生活理念，吸引更多的家乡人爱茶、学茶、事茶，呈现了全民茶艺的新景象。她为人谦和，虚心好学，在业界深得大家好评。

至今，新昌县已拥有茶艺师近百名，其中高级茶艺师十多名，他们在茶产业发展过程中，为弘扬茶文化已形成了一支骨干队伍，推动了名茶产业的健康发展，扩大了“大佛龙井”品牌的荣誉度与影响面。

“淡泊而明志，宁静而致远”这是茶人的性格和追求。一片茶树的叶，落到哪里都是归宿，我们借茶修为，以茶养德，重在践行，贵在坚持；于朴素里高贵，在含蓄处绽放，最终修得收放自如、生命自在；接引一杯茶的智慧，归真生活，传递能量。这是我们茶人的朴实理想，也是一种时代的茶人情怀。

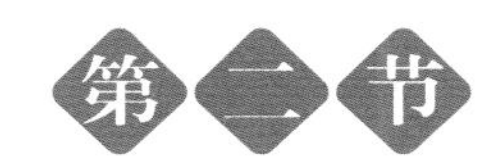

第二节　林金仁——以茶致富的领路人

山上茶园片片，山下溪水潺潺，炊烟袅袅。新昌县镜岭镇外婆坑村的“标签”有很多：江南民族村、“外婆坑牌”龙井、玉米饼……而这些“标签”的背后，一定会让你想起一个人，他就是外婆坑村党支部书记、村委会主任林金仁。在他的带领下，一个穷得叮当响的“光棍村”，摇身一变成为人人称道羡慕的“富裕村”。

外婆坑村位于新昌县镜岭镇，地处新昌、东阳、磐安三县交界处，距新昌县城 45 千米。20 世纪 90 年代末，该村经济发展十分落后，全村人均年收入仅 96 元，在浙江省贫困村中垫底。

“开门就是山，出门就爬岭；看看面对面，走走老半天。”“新昌有个外婆坑，有囡不嫁这条坑，三餐吃的六谷羹，缺钱缺粮缺姑娘。”被称为“光棍第一村”。这是 30 多年前外婆坑村的真实写照。

担任村支书，修建创业路

1990 年，在东阳县闯荡多年的“箍桶匠”林金仁被村民推选为外婆坑村党支部书记、村委会主任。

若要富，先修路，这是脱贫的第一步。那里的村民告诉我们："当时的外婆坑村几乎与世隔绝。山里山、湾里湾，那时候，出村只有两条路，一条是相当难走的'打石路'，一条是需要翻山越岭，来回步行八小时的'五岗路'，小时候，我们花一天时间挑一担柴去镇里只卖两块钱。"

修通公路、走出大山，成为当时外婆坑村村民的梦想。林金仁上任后，做的第一件事便是修一条通村公路。为了筹集资金，林金仁一年跑了 86 趟县城，跑破了三双解放鞋，想方设法筹集了 2 000 元作为启动资金。之后，林金仁带领全村男女老少，起早贪黑赶工，饿了就吃自带干粮，渴了就喝山泉水，克服种种困难，加班加点劈山架桥。恰逢时任浙江省省长沈祖伦翻山越岭 20 多千米到外婆坑村调研，为外婆坑村的劈山造路带来了精神上的鼓励和物质上的帮助，留下了众所周知的"省长沈祖伦九上外婆坑"的扶贫佳话。1992 年 8 月 18 日，外婆坑村这条总长 1.4 千米、大小桥梁 8 座、耗资 600 万元的致富路全线竣工。这条路方便了群众的出行，也让村民们看到了致富的希望，为外婆坑村丰富的土特产和众多的农林产品运出深山打下了坚实基础。

种植名优茶，一片金叶脱贫

光有路，不能改变外婆坑村贫穷落后的面貌。林金仁和村两委（中国共产党村支部委员会和村民自治委员会，简称村两委）班子经过多次讨论和分析，觉得外婆坑村山雪岗高峰 810 米，不适合种植粮食作物，但村里产茶历史悠久，从 1662 年做烘干类茶叶到 1762 年做"珠茶"，30 多年的茶叶加工经验，应该说这里更适合发展茶产业。那么做什么茶类可以让村民们脱贫致富呢？据林金仁回忆说："当年，我们村大部分的‘珠茶’，从种植、采摘到加工基本都是一家一户完成的，加工好的‘珠茶’价格很低，才卖两块钱一斤，但‘西湖龙井’可以卖到36块钱一斤。”村两委班子一致认为，发展名优茶是外婆坑村的脱贫之路。于是，1992年，林金仁带领村民向荒山要效益，开始大面积种植发展茶叶。在全县首先实施茶叶“圆改扁”的产业转型。但要改变村民传统思想也很难，林金仁感慨万分地说：“当年，我从外地引进10万株名优茶，免费送给老百姓挨家挨户种，并请县农业局的茶叶技术专家到村里举办种植技术、病虫害防治、炒制技术等培训班。经过近十年努力拼搏，外婆坑村不再有吃了上顿无下顿，一年全靠国家救济的贫困日子，老百姓基本解决了温饱问题。”

但这不是林金仁想要实现的终极目标，他不但要让村民脱贫，更要让村民致富。在发展名优茶的过程中，他们发现，名优茶各家各户炒制，品质不稳定，打不开市场；茶农单打独斗售卖，形不成品牌，卖不出好价格。于是2003年5月，林金仁动员全村510个茶农社员，凑钱成立了外婆坑有机茶合作社，注册资金300万元，这是新昌县首家合作社。2005年又投资50万元新建了名茶炒制规范化示范点，并对全村的茶叶加工实行统一采摘、统一收青、统一炒制、统一包装、统一销售。茶农实行“五统一”管理后，质量稳定提升，加上外婆坑的自然环境优美无污染，810米的海拔、沙性土壤、天然气候造就了外婆坑茶叶的独特品质。接着，他们又成功注册了自己的品牌——“外婆坑”“大佛龙井”，产品远销深圳、北京、上海、杭州等地。林金仁骄傲地告诉我们：“每到春天茶香四溢的季节，外婆坑生产的‘大佛龙井’就会成为‘皇帝女儿不愁嫁’‘酒香不怕巷子深’的抢手货。”全村茶园面积由 1991 年的 96 亩增加到如今的 1 500 亩，茶叶总产值由原来的 2 万元增加到 1 200 万元，农户人均收入由 86 元增加到 56 560 元，一举摘掉了贫困村的帽子。茶叶成为外婆坑村民增收致富奔小康的重要经济来源。

勤勤恳恳履职，带领村民致富

一片茶叶让外婆坑村脱贫致富，“村民富裕了，比什么都重要。”这是林金仁最大的心愿！林金仁并不满足现状，他觉得，外婆坑村有良好的生态环境，也有保存完好的古老建筑，13 个民族（因外婆坑村脱贫前生活穷困潦倒，是有名的“光棍村”。壮劳力到云贵川修建公路时，从那里带回少数民族的媳妇）聚居的传统村落，发展乡村旅游的前景非常广阔。林金仁带领村民发展吃农家饭、住农家院、观自然景、赏民族风情等项目在内的乡村旅游；打造集“丹霞风光、古村风貌、千年风俗、镜岭风物、民族风味”于一体的江南民族村；以其特有的“IP”开发特色餐饮、传统节庆、节点景观、文创伴手礼等文旅衍生产品。在新昌县，“江南民族村”成为外婆坑村全域旅游发展独一无二的文旅“IP”。2009 年，外婆坑村成功申请为长三角世博主题体验之旅示范点。2012 年，外婆坑村旅游集散中心正式营业。近三年，他又带领村民乘上了县里大力发展乡村旅游的东风，开发“镜岭味道”系列文创产品，把当年用于充饥的玉米羹开发成玉米饼，把少数民族风格体现到帆布袋等产品上，2020 年全年销售额达到 600 万元，一张张金色的玉米饼做出了大市场；目前，村里已建成民宿农家乐 13 家。一条集观光、休闲、旅游、体验于一体的“江南民族村”旅游“金名片”成为带动外婆坑村致富的又一捷径。

2016 年，外婆坑村被评为全国生态文明村、中国美丽休闲乡村。2017 年，外婆坑村成功创建为 AAA 级旅游村庄。2020 年，外婆坑村被评为全国森林村庄、全国文明村、全国乡村旅游重点村、国家 AAA 级旅游景区。2021 年，尽管受新冠肺炎疫情影响，仍接待游客 25 万人次，创收约 2 000 万元，村民人均收入达到 56 560 元。外婆坑村由此获得全国脱贫攻坚集体荣誉。

林金仁自 1990 年扔掉箍桶担回村任支书，32 年的坚持与付出，任劳任怨挑着村庄发展的重担前行，在他的带领下外婆坑村实现了从省级贫困村到全国乡村旅游重点村的完美蜕变。2014 年 4 月他获得了全国劳动模范的光荣称号。

外婆坑村的脱贫、外婆坑村的发展、外婆坑村的致富，村民们都会异口同声地说：“我们有一位勤勤恳恳为百姓办实事的好支书，我们有一位勇于担当、乐于奉献的‘领头雁’，我们有一位勇于创新、以茶致富的领路人！”

第三节 凌光汉——值得缅怀的新昌茶界资深老茶人

他，是新昌县茶叶技术推广第一人。

他，是新昌县第一批真正科班出身的农业科技人员。

他，青年入行，60 多年毅力和执着坚守着新昌县茶产业。

他，一生奔波在茶的研究与传播，岁月年华都献给了新昌县茶事业。

他，就是我们新昌县茶叶战线的凌老——凌光汉老师。

2021 年 9 月 20 日，凌老先生因病医治无效逝世，享年 89 岁。

“讣闻”传来，深感悲痛和惋惜！我 2019 年 7 月大专毕业，到新昌县名茶协会工作，和凌老相处两年多。凌老不仅是我的长辈，也是我工作中尊敬的老师。他不但工作认真严谨，而且为人正直和善；他不但专业知识丰富扎实，而且热心热情帮助茶人、茶商、茶农不计回报！他用一生对茶事业的深深情怀，谱写了他绚丽多彩的茶人生！

凌光汉，1933 年生，上海金山人。1953 年从杭州农校茶科毕业，同年分配到新昌县农业科（现新昌县农业农村局），从事茶叶技术推广工作，投身于山区茶产业的发展，一干就是一生。他擅长茶树栽培与

制茶，使新昌县从只有1万多亩的老茶园，发展到如今15.3万亩的新型茶园，为新昌县成为全国三大出口珠茶基地县之一做出贡献。60多年来，他见证了、参与了新昌县茶产业发展的每一个足迹：茶园由丛到条、茶叶由圆到扁、品牌从无到有又到强。凌老先生是新中国培养的第一批茶叶科技人员之一，他和陈春华、程兆敏等一行八人也是我们新昌县第一批真正科班出身的农业科技人员。

听凌老生前自述："刚来新昌工作时是比较炎热的8月，当时交通还不太发达，从上海到新昌要整整一天，5:30出发，16:30才到，到农业科报到后，昏暗的20平方米房间住5个人。"凌老说："当时看到新昌艰苦的条件，一时间内心是抗拒的，但一到新昌就赴遁山调研考察，全然忘却了生活环境的简陋。"通过调查研究，他和几位同事很快摸清了新昌县茶业当时所处的环境：茶园总面积12 500亩，还是间作粮食的丛播茶园；茶类有烘青、红茶、珠茶等，年产13 000担（1担=100斤），平均亩产100多斤，茶业地位排东阳县之后，浙江省第14位。随即，他们就把主要精力放到新技术的推广、普及上。

1955年他出任回山区农业技术推广站副站长，在中彩茶场搞试点，将50～60厘米高的茶树修剪成20厘米左右，当时还遭到了中彩公社赵书记的反对，认为这样的行为是不合常理的、是搞破坏。结果两个月后，修剪过的茶树分枝增加，

采摘面积也扩大了，科技让赵书记和茶农们信服了。科技人员借机一方面抓宣传发动，一方面到一线示范，一步一个脚印推进新技术的普及。在凌老等人的努力下，落后的茶叶生产、管理模式开始改变。丛植变成条植、间作茶园改为专业茶园，按标准分批采摘、高温闷青杀青等技术得以推广，茶叶机械也开始使用，为新昌县茶业增产增效提供了强有力的支撑。

1972年起，凌老被抽调到儒岙茶叶接待站工作了8年，在当时的儒一大队茶场蹲点。这个茶场是当时全省科学种茶高产的典型，来自各地的参观者络绎不绝，多的时候一天来5批客人，8年间共接待了4万多人。凌老既忙于接待介绍，又亲自向茶农传授科学种茶技术、经验，忙得不亦乐乎。在他1980年离开儒一大队茶场的时候，这里的平均亩产从1972年的160斤提高到了500多斤。1983年，新昌县茶业排到了浙江省第6位，成为全国100个重点产茶县之一。

1981年新昌县开始进行名茶试制，凌老在儒岙研究毛峰茶炒制技术，1983年毛峰茶在大市聚红旗茶场试验成功，1986年进行龙井茶炒制技术攻关。从1989年起全县大范围开展培训，大力推广龙井茶炒制，这一时期，名茶培训的任务十分繁重，凌老每年春节一过，就会马不停蹄跑乡镇，按照当地的实际情况开展采摘、炒制、培育管理等技术培训，每年都要培训二三千人。

1994年，凌老从新昌县农业局退休，并返聘在原单位工作，第二年又返聘于新昌县名茶协会。在协会工作前期，他的工作还是

以名茶炒制、培育管理等技术培训为主，工作一点也没比在职时轻松。他的退休生活很是忙碌，但充实而又快乐，凌老积极开展技术咨询服务，每年接待茶农、名茶经营者、茶机厂商等 1 500 人次以上。每年茶季，他的办公室总是门庭若市，人们或讨教栽培、炒制技术，或询问茶树品种……凌老总是有问必答，让求教者满意而归。在继续开展讲课培训的同时，还深入一线手把手作技术指导，并积极参与“三下乡”、名茶炒制评比等活动。凌老等科技人员的心血没有白费，新昌县茶农素质迅速提高，有力推进了全县名茶产业的发展。随着新昌县茶业发展的进一步成熟，凌光汉将自己主要的精力放在了新昌县茶叶的品牌宣传上，积极撰写科技论文、新闻信息稿等，普及茶叶科技，提供茶业信息，为新昌县茶叶产业发展鼓与呼。当时他已经上了年纪，到茶山、茶厂感到有点力不从心，他认为新一代的茶叶科技人员也开始成熟可以独当一面了，接下来做品牌宣传、技术咨询服务比较适合。

从 1995 年开始，凌光汉就在《茶叶信息》《茶叶世界》《上海茶业》《中国茶叶》《茶周刊》《茶博览》《新昌茶业》等茶叶专业报纸期刊上发表文章，宣传新昌县茶叶品牌。另外，他还每年向县级媒体投稿 50～60 篇，多时达 100 多篇，他还及时撰写茶叶方面的调研文章，建言献策，做好领导的好参谋。凌老不会电脑打字，每篇稿子都写在信纸上，但他每年发表有关新昌县茶业的文章有近 10 万字，如此高的产量，即使一个青年人也很难做到。

2019 年 10 月，凌老被新昌县人民政府授予“新昌茶界资深老茶

人”称号。

近些年，已经是“第二次退休”的凌老，依然选择继续为新昌县茶业倾情奉献，坚持每周一和周五到新昌县名茶协会上班，风雨无阻！他在协会办公时，偶尔会接到几个电话，听得出，是在为茶农茶商答疑解难。凌老精神矍铄，思路清晰，全然看不出已是一个 80 多岁的老人了。

在 2021 年的这个秋天，斯人已逝，但精神永存，凌老对新昌茶业的情、对“大佛龙井”的梦永存，我们可以在任何时间、任何地点怀念他，念及、讲述他的故事，好似怀念一位慈爱的长辈或逝去的故友。不必等到落雨的清明，亦不必翻开泛黄的相册或日记，看着他写的文章，仿佛他就在我们身边。我们新昌的茶人永远缅怀可敬可亲的凌光汉老先生！

第四节

丁法良——安山碧玉茶的故事

说起安山碧玉茶，茶业界立即会想到是“大佛龙井”茶起步较早的一个企业品牌。因为“大佛龙井”的起源中有安山人脱贫致富的故事，有安山碧玉茶的发展史，也有丁法良从茶农成为茶人的成长史。

安山的“碧玉”品牌“大佛龙井”是新昌县起步最早的品牌，也就是说，我们在编写“大佛龙井”发展史时，必然要讲一讲安山碧玉茶的故事。

安山碧玉茶是产自新昌县安山的“大佛龙井”。安山，位于新昌县西南部大盘山余脉绵延处，高高矗立着山雪岗（海拔 797 米）、大天宫岗（海拔 806.5 米），小泉溪弯曲地绕过山脚，这里山高缺水，古时名为

"干山"。民间有谚："下雨一时成灾，十天无雨喊皇天。"后来，随着周边村庄的村民陆续迁居此地，人文蕴积，"干山"慢慢地改名为"安山"。

（图为安山村景其一）

（图为安山村景其二）

（图为原安山村景）

安山的村貌屏障四开，开门见山，梯田一块连着一块，茂林修竹之中，用石头垒起来的屋舍依山而建。安山也是全县乃至全省有名的贫困乡村，20 世纪 80 年代农村开始富起来时，安山村民还没解决温饱问题。那个年代，新昌县是出口"珠茶"的重点产区，安山的山岗坡地同样以种植茶叶为主，安山人以生产加工"珠茶"为生。

我在了解安山碧玉茶的发展史时，与茶人丁法良进行了深入交谈。当我问起安山碧玉茶的来源时，丁法良滔滔不绝地和我聊了起来。丁法良是新昌县安山村人，1955 年出生，从小生长在安山，高中毕业后，就在安山务农。丁法良从 20 世纪 80 年代初就开始从事茶叶经销营生，是村里做"珠茶"的加工和经销能手。

丁法良告诉我，安山碧玉茶的起源与发展，离不开他大哥为家乡做出的贡献。

丁法良的大哥丁明松，于1963年参军入伍，1977年3月转业到杭州市西湖区商业局（与供销社合署）工作，1978年3月调到西湖区委组织部。20世纪80年代初，出于对家乡村民的帮扶，他时常会到龙井茶交易市场走走，这个市场是由提着篮子的茶农聚集一处开始渐渐形成的地摊式的交易市场。他了解到安山的“珠茶”与龙井茶的价格相差悬殊，感慨安山的“珠茶”也能在灵隐的茶市卖个好价钱那多好啊！1982年，丁法良在大哥丁明松的建议和帮助下，在村里以每斤2.5元收来几百斤“珠茶”，运到杭州，在灵隐茶叶市场，以每斤3元左右出售。销完茶叶赚了几百元，让丁法良尝到了经销茶叶的甜头。

探索，安山茶树能否制龙井

［图为杭州市西湖区原农业局局长范成品（左）亲临炒制现场］

1984年1月，丁明松调到西湖区人事局工作。丁法良则担任了安山村村民委员会副主任。丁明松常想，安山村有那么多茶园，“珠茶”价廉，为何不改制价高十几倍的龙井茶呢？丁明松就向身边的几位西湖龙井茶叶专家介绍家乡的情况，约定一起去看看安山的茶树品种与自然条件是否适宜制龙井茶。

1985年5月23日，丁明松带领杭州市西湖区原农业局局长范成品、杭州市西湖区原农业局副局长杨文元、杭州市西湖区原农业局茶叶科科长丁安甫等五人来到新昌县。他们在安山村干部王富仁等人的陪同下，翻山越岭察看茶园，安山峰峦叠翠，云雾缭绕，昼夜温差较大，土壤带砂砾，富含有机质，所产茶叶品质上乘，给他们留下深刻的印象。丁安甫科长肯定地说：“这里的土壤、气候不但适制龙井茶，而且还能生产高质量的龙井茶。”陪同的乡、村干部听了非常兴奋，决定选派村民去杭州学习炒茶技术。

1985年5月27日，安山村的丁法良、王尧灿、丁菊萍、潘忠富到杭州市西湖区龙井茶炒制技术的培训中心学习龙井茶的炒制技术，经过十多天的培训，他们基本掌握了龙井茶炒制技巧。

缘起，20斤的“安山‘大佛龙井’”

学了一手技术回来，还得有设备。那时杭州星火电机厂的红外线炒茶炉刚刚问世，功率3千瓦，每台需180元。丁法良家里没有这么多现金，他是从乡信用社贷款到杭州买回了两只电炒锅。1986年4月，他按龙井茶标准在自家承包的茶园里采摘青叶，并按学到的龙井茶炒制技术，炒出了新昌县第一锅龙井茶，一共20斤。他背着这20斤龙井茶，赶到杭州市西湖区经济特产站，请专家品鉴。从品质、香气、口感都得到了专家的肯定。安山茶的品质特征，外形：浑扁细直，芽峰显露，色泽绿翠，形如玉簪，色如翡翠；内质：清香持久，滋味鲜爽甘醇，回味甘醇爽口；叶底：嫩匀成朵，绿翠明亮。完全可以和西湖龙井媲美！

[图为杭州西湖龙井王吕根（左二）师傅传授龙井茶炒制技术，丁法良（左一）]

20斤龙井茶被杭州西湖名茶公司收购，收益比“珠茶”高出十几倍。原来1斤“珠茶”可以买10斤米，现在1斤龙井茶可以买100斤米。龙井茶的经济效益显而易见！

说到这里，丁法良沾沾自喜地说：“安山的青茶叶制成龙井茶得到这样的评价和收益，那种喜悦的心情不只是挣到了钱的开心，更是炒出了优质的‘安山龙井’的充满成就感的喜悦心情，是无法用金钱来衡量的！”

丁法良也告诉我们，为了让安山村民都会炒龙井茶以增加收入，这一年的同月，在他大哥的牵线联系下，安山乡农经服务站和杭州西

［图为杭州市西湖区原农业局局长范成品（右二）与茶叶专家史庭智（右一）审定龙井茶］

湖名茶公司签订协议书，西湖名茶公司为支持安山乡开发利用茶叶资源制作名茶新产品，每年的春季也派师傅到安山，一住就是一个月，免费为村民举办茶园管理和龙井茶炒制的培训班，给予技术上指导和传授，培训人员达 800 多人次。同时也约定安山乡农经服务站每年炒制四级以上高级龙井茶供货给他们。

丁法良说："由于安山人实在是太穷，根本买不起不到 200 元的电炒锅。但在他大哥丁明松的帮助下，电炒锅数量随着龙井茶的产量增加而增加，1987 年春，增加到 5 只；1988 年春，增加到 20 只。1993 年 11 月，丁明松从西湖区拉回 100 只茶锅到新昌安山，如雪中送炭，既解决了茶农对茶锅的需求，也对安山名茶发展起到了积极的推动作用。"

燎原，"圆改扁"的序幕在安山村迅速拉开

安山村炒龙井茶的消息传播开来，以安山村为中心，相邻的小泉溪、建国、后坪、回山等地村民也争相学习炒制龙井茶。安山村的茶农，有的成了"安山师傅"被请到新昌县一些地方传授技术，这也引起新昌县领导的重视。

1989 年春，新昌县人大常委会主任杨焕星带领新昌县经济特产站程兆敏等茶界人士到安山。他们了解到，红外线炒茶炉价格昂贵，一般村民都买不起，再说受电力条件限制，不宜在安山乡推广，而柴烧的茶锅每只只需 17 元，但很多村民连这 17 元也拿不出来。怎么办呢？丁法良告诉我们，县领导和时任的安山乡党委书记胡友清，到各个部门奔走求得支持，相继得到了新昌县工业局扶持资金 1 万元和新昌县民政局的扶贫补助资金，龙井茶技术的推广得到了有力支持。

（图为 1990 年 7 月，新昌县科委在安山对安山碧玉茶审评）

在“杭州师傅”的指导下，安山村会炒龙井茶的人一年年多起来了，碧玉茶的产量也一年比一年增加。那么除了为西湖名茶公司供货外的茶叶怎么销？还有，茶园是由茶农分户管理，炒制茶叶也是茶农零散加工，难以保证龙井茶的质量。1989 年 4 月，安山乡政府引导茶农成立了安山乡茶农协会，把分散的茶农组织联合起来形成规模效益，会员从 48 名扩大到 90 名。丁法良自豪地说：“这是全县第一个茶农协会。”协会将安山村的茶园集中起来由村集体统一管理，这样可以保证青叶的质量。关于销路问题，丁明松又及时联系杭州西湖区茶叶公司、西湖龙井茶叶公司等经销商到安山，他们品鉴了安山的龙井都争相采购，安山的龙井成了西湖茶商的抢手货。

由此，安山试制名茶成功的消息不胫而走，许多乡村茶农也自发聘请专家学习炒制名茶。新昌县茶业“圆改扁”的序幕在安山茶区徐徐拉开。丁法良告诉我们，新昌县历届的炒王好几位都是出自他们的茶区，如与安山村相邻的冷水村寺下坑的盛伟永、盛毅永兄弟俩，盛焕尧、盛品尧兄弟俩，他们都分别获得过新昌县炒制比赛的茶王之称。肇圃、大古年等村村民也赶来观看学习，还有与安山交界的磐安县玉山乡村民对炒制龙井茶的积极性非常高，龙井茶炒制技术也就传播到了磐安县。

名茶炒制之科技“星火”从安山乡扩展到了回山镇、儒岙镇等新昌县南部地区，茶叶由“圆”到“扁”，产值由少到多，形成“燎原”之势。此后，“圆改扁”的培训在全县 36 个乡镇全面铺开，先后举办培训班 500 多期，43 万总人口中，共有 5 万多人参加过龙井茶炒制培训班，形成了一支有 10 万多人的“圆改扁”生产、采摘、制作队伍，有 18 万人从事茶叶及相关产业，名茶的崛起为推进农业产业化开辟了新天地。

名茶，让安山村民脱贫

名茶走向产业化，必须规模经营。丁法良告诉我们，安山名茶的发展，时任的安山乡党委书记胡友清和乡长杨桂源不但在技术推广上起到关键的作用，他们还到县里、省里各级政府部门寻求资金、人才、技术等各方面的扶持。1989 年秋，“碧玉茶开发”列入新昌县科技开发推广项目。1991 年，安山村茶园从 1989 年原有的 285 亩增至 1 531 亩，来自茶叶的人均收入从 253 元提高到 1 000 多元，多数农民从贷款户变成存款户，从此摘掉了贫困村的帽子。安山村民的生活水平随着茶叶经济效益的提高而发生可喜的变化。

辛勤的付出有收获，名茶产业的迅速发展，安山碧玉茶的好消息一个个传来：1991 年 7 月 6 日，通过新昌县科学技术委员会“安山碧玉茶审评”；1991 年 8 月，“碧玉茶开发及服务体系”列为绍兴市科技星火计划项目和浙江省农业厅 1991 年度浙江省经营咨询服务和效益工程成果二等奖；1991 年 9 月 12 日，“碧玉茶”获得农业部茶叶质量监督检验测试中心的名优茶品质鉴定认可证书，这是新昌县第一个获此殊荣的名茶产品；1992 年 2 月，安山村被浙江省贫困地区和革命老区建设领导小组评为脱贫致富先进集体，安山碧玉茶服务站站长丁法良被评为脱贫致富带头人；1992 年起，丁法良连续四年当选为绍兴市第三届、第四届、第五届、第六届政协委员。

丁法良深情地谈到，安山碧玉茶的发展，为山区茶农找到一条致富的门路。这个过程中，得到了许多领导和专家的大力帮扶和支持，他们是时任的县人大常委会主任杨焕星、副县长钱忠鑫、县农业区划办公室史庭智、县农业局局长俞志林、茶叶专家凌光汉、程兆敏、程晓帆等以及新昌籍担任浙江省乡镇企业局局长的王汀华，他们都一直关注着安山碧玉茶的发展，并从技术和资金上帮扶安山的名茶发展，他们的名字也印在了安山人的脑海中。

品牌，安山碧玉走向广阔市场

安山村茶园在碧水萦绕之间，周围有一片片茂盛的松树林，出产的茶叶翠绿有光泽，扁平如玉簪，众人品尝之后取名为“碧玉”。碧玉茶香，丝丝缕缕，持久高雅。

1991 年，新昌县名茶服务公司开始申请注册“碧玉”商标，1993 年 8 月 28 日，“碧玉”商标获准注册，安山龙井从此有了自己的品牌，这也是新昌县最早的名茶商标。继安山“碧玉”商标注册以后，“回山峰芽”“西山碧牙”“十九峰”等茶叶商标相继注册。1998 年 8 月“碧玉”商标被认定为绍兴市著名商标。

商标是招牌，质量最关键。1999 年，为了制定技术标准，丁法良又请来杭州的茶叶专家，制定了企业标准，并印制符合标准规定的各式“安山碧玉”品牌包装，以适应市场的需求。

1999 年 10 月 21 日，第二届中国国际茶博览交易会暨现代茶产业发展研讨会在杭州世贸中心举行，“碧玉”牌和“大佛玉龙”牌“大佛龙井”荣获国际名茶金奖；2001 年 10 月，“碧玉”牌“大佛龙井”茶被第三届新昌旅游节组委员授予新昌县十佳旅游产品称号；2003 年，“碧玉”牌“大佛龙井”被认定为绍兴市名牌产品；2005 年，“碧玉牌”“大佛龙井”荣获国家级无公害农产品称号。

2000 年，安山碧玉“大佛龙井”在上海东方商厦超市试销成功，2001 年又进入上海家得利超市、梅陇镇广场超市、崇明超市、苏州华润超市、深圳江门百家超市等。安山村的龙井茶初如“小家碧玉”，已经长成了“大家闺秀”，走出了新昌县、浙江省，走向了全国。

茶为清饮，可添诗情，安山村一片片绿油油的茶园蕴藏着无限生机。一村好带动全乡好，镜岭镇安山片（即原安山乡）茶园面积发展到 4 500 亩，龙井茶产值达 4 000 万元，并成为全县龙井茶高质量产区。

青山绵延，古道诗茶，如一幅遗世的水墨画卷的安山村，2018 年，创建为浙江省 AAA 级景区村，引来了大批的城市游客，年接待游客 20 多万人次，实现茶旅游年收入 200 万元以上。

绿水环顾，茶香四溢，安山村茶产业的发展，给村民带来了实实在在的经济效益，村民的茶叶人均收入近 3 万元。与城里人一样，家家有电器设备，全村拥有轿车 100 多辆，一半村民在县城购置了新房。

安山村，是安山村民安居乐业的地方，成了游客心目中的“世外桃源”；安山人，诠释着一个真理，穷则思变，因地制宜，辛勤的付出会有收获；安山碧玉茶的故事，也践行了“绿水青山就是金山银山”的发展硬道理；丁法良也由一名茶农成了稍有名气的新昌茶人。

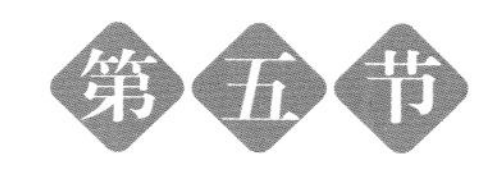

王志宇——半盏清茗，浮沉坦然

与茶相伴，给人一种清新、淡雅、闲适、悠然的感觉，亲切而又自然。王志宇就是这样一个人，迷恋于制茶、泡茶、饮茶，他在办公室和家里添置了茶桌、茶具，并收藏了各种各样的茶。

闲暇之余，邀上三五茶友知己，沏上一壶茶，点上一炷香，品茗、点评各类茶的特征、优劣，讨论交谈茶的冲泡技巧、火候温度、浸泡时长等，还不时拿出自制的私房茶让大家品鉴、点评，以求泡茶、制茶技艺做到尽善尽美。由于他对茶的执着、热情和痴迷，凭着一股子不服输的钻劲儿、拼劲儿，完成从“门外汉”到“行家里手”的华丽蜕变。

人生如茶，浮沉坦然

王志宇，新林乡（今沃洲镇）龙皇堂村人，在多年的摸爬滚打社会生涯中砥砺奋进，也从中获得了最直接、最有效的素质文化滋养。2017 年，他被聘任为浙江理工大学新昌研究院常务副院长，负责研究院日常管理运行工作。

研究院以体制机制创新为核心，打造产学研深度融合的科技创新孵化体系，推动学校科技成果转化，为新昌县企业发展注入新动能，

助推区域经济发展储备智力支撑。多年来，王志宇和科研团队积极做好科技参谋、桥梁和引导作用，开展前瞻性的技术研发，帮助克服企业发展中的技术瓶颈，提升企业自主创新能力。在平常走访企业接待过程中，偶尔在一次品茗上，甘甜滋味于一体的茶汤，馨香弥漫了他心灵每一个角落，让他顿感神清气爽，从中体悟到凤凰三点头的人生哲理、半盏清茗观沉浮的坦然意境，让他喜欢上了茶艺。

喜欢上一项事物，或许比较容易，但要将它吃透、深度钻研，需要毅力、恒心，还要保持源源不断的热情。于是王志宇抽出时间，报名参加了新昌农广校举办的茶艺培训班，开始走上了他的业余茶艺之路。

人生如茶，苦尽甘来

茶艺冲泡技艺并非易事，也是考验一个人的耐心和定力。在培训上，王志宇和众多学员一样，从茶叶的基本知识、茶艺技术、茶艺礼仪、茶艺规范等方面学起，茶艺操作步骤有很多讲究，不仅姿势要优雅，手势动作还要柔软。

王志宇对学习的每个冲泡动作都要重复训练，甚至练习得腰酸背痛。期间，王志宇不服输的精神得到了茶艺指导老师的肯定和表扬，这更加坚定了他的信心和意志，也渐渐地体会到同一款茶，同样的水，同样的器皿，不同的人，不同的动作与冲泡手法，加上不同的水温，泡出来的香味也不一样，口感大有不同。

在短暂培训学习中，王志宇没有被困难而折服，还开阔了茶界眼界，他除日常工作和生活外，一心扑在茶艺上，经常向茶界的资深茶艺师请教学习，逐渐对茶有了更深层次的见解。

茶文化博大精深，呈现的形式和精神相互统一，广到历史文化，细至茶具、选茗、择水、烹茶、仪容仪表等，隐藏着很多学问，也有很多讲究，包含茶叶炒制、品评技法、艺术操作及鉴赏等内容。

虚心好学、循序而进的王志宇，继续参加了省、县农广系统举办的各类茶艺培训班、制茶培训班等诸多技能培训，学习了制茶、鉴茶、泡茶、品茶等各种精髓、内涵和知识，成了农广系统中的“忠实粉丝”。

王志宇经过严格扎实的基本功训练和茶文化知识学习，在新昌县茶艺界渐露锋芒，曾在2020年新昌中国农民丰收节系列活动之一的“白云农业杯”全民茶艺技能竞赛中获得三等奖，也是唯一进入决赛的男选手。

人生如茶，回味无穷

学无止境，物为我用，奉献社会，诠释了一个人的人生价值。王志宇生在农村，长在农村，对农村有着特殊的情感。他始终认为农村广阔天地，大有可为。在2021年11月，他参加了第二期全国乡村振兴与科技志愿服务培训班学习，成为中国农学会科技服务志愿者。王志宇和科技工作者在多次下乡送科技、送政策时，发现茶农、茶企的龙井茶炒茶机的设置、加工工艺、茶叶贮藏等都参差不齐。当时，他就萌发一种想法，建一个标准，推动、支撑茶业高质量发展，这个想法也得到业内人士认可。于是他牵头起草了《龙井茶机械化加工技术规程》，以浙江理工大学新昌技术创新研究院为申报单位于2022年向中国农业机械工业协会申报立项，经多轮修改，2023年3月成功通过评审，成为龙井茶机械化加工的国家团体标准，为全国龙井茶机械化炒制提供规范技术支持。这将有利于保持新昌县“大佛龙井”茶产品品质的一致性和稳定性，对茶农生产、茶商销售、技术推广都有很强的指导性，进一步提升新昌县“大佛龙井”茶产品质量、“大佛龙井”茶品牌保护、市场规范和产业持续发展具有重要意义。

更难能可贵的是王志宇还热心公益，2020年，他加入新昌县陆野户外救援队，协助开展应急救援、心肺复苏、消防知识等培训，培训人数1 000余人，进一步提高了社区居民的安全意识、急救能力、应变能力。

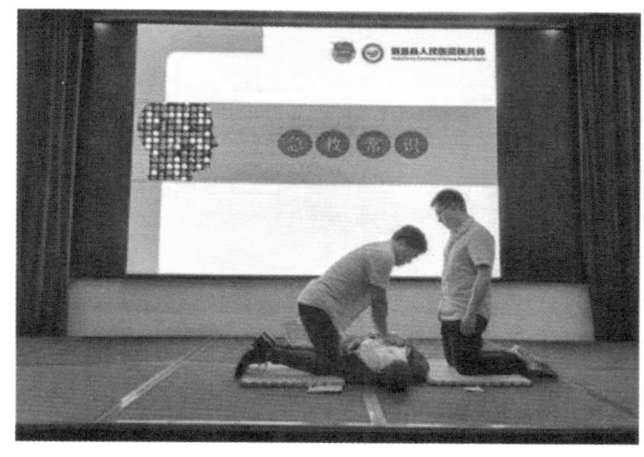

弘扬志愿精神、壮大组织力量、提升服务水平，在他的影响下，2021 年，浙江理工大学新昌研究生联合培养基地和新昌县陆野户外救援队成立联合志愿服务队，带领研究生融入社会，用“爱”和“善”的实际行动传播社会正能量。

王志宇如一盏清茶，任幽香冲去了浮尘，沉淀了思绪，收藏了岁月的记忆，于淡泊中仍见悠长的醇美。

后记

新昌县是浙江省东部的一个山区县，有“八山半水分半田”之称，总面积1 200平方千米。境内拥有一座天姥山，不但成就了一条“浙东唐诗之路”，更让自己成为中国文化史上的一座“圣山”、一座“圣殿”，由此新昌县拥有“一座天姥山、半部《全唐诗》”的美誉。连绵天姥山将新昌县孕育成浙江省主要的茶叶产区，而茶叶正是新昌县的主导产业，占农业总产值的1/3。新昌县有18万人从事茶叶及相关产业，新昌县茶产业的持续发展造就了一批涵盖种植、加工、营销、茶文化等茶全产业链的优秀茶人，而这些优秀茶人又极大地推动了新昌县“一体两翼”（以“大佛龙井”茶为主导，“天姥红茶”“天姥云雾”茶为补充）茶产业结构的高质量发展。

我们从事茶人培育培训工作多年，一直有把这些优秀茶人挖掘和展现出来的想法，并把他们创业的典型事迹列为茶全产业链培训的重要内容，为全体学员提供示范和借鉴。在有关部门和人员的大力支持下，经过全体编者的共同努力，这个愿望终于实现。我们寄希望于《天姥茶人》出版后能够成为一本良好的乡村人才培育培训辅助教材，希望本书能为新昌县茶产业的持续、快速发展起到重要推动作用，为新昌县实现全国绿茶第一大县提供强大的人才支撑，也希望本书能对省内外其他地区茶产业培训有所帮助。

本书由浙江理工大学新昌研究院、浙江省农业广播电视学校新昌县分校、浙江开放大学新昌学院联合组织出版。本书编写过程中得到了新昌县名茶协会等有关部门、单位的大力支持，在此一并表示感谢。因水平和经验有限，书中不足之处，敬请读者批评指正。

编　者

2023年春